U0906785

必备的71堂人生修行课

·中日双语版·

主编◎王立峰　郑成芹

上海交通大学出版社
SHANGHAI JIAO TONG UNIVERSITY PRESS

内 容 提 要

本书选录了71则短文，主要内容可以分为如何取得成功、各自性格的长短、如何摆脱烦恼，还有生活的艺术等几大类。通过一个个小故事或真实案例的形式，帮你摆脱困扰你许久的各种问题，让你的精神得以升华。

图书在版编目(CIP)数据

必备的71堂人生修行课/王立峰，郑成芹主编．—上海：上海交通大学出版社，2014

ISBN 978-7-313-12472-2

Ⅰ．①必… Ⅱ．①王…②郑 Ⅲ．①人生哲学-通俗读物 Ⅳ．①B821-49

中国版本图书馆CIP数据核字(2014)第301364号

必备的71堂人生修行课

主　　编：王立峰　郑成芹

出版发行：上海交通大学出版社　　地　　址：上海市番禺路951号

邮政编码：200030　　电　　话：021-64071208

出 版 人：韩建民

印　　刷：凤凰数码印务有限公司　　经　　销：全国新华书店

开　　本：880mm×1230mm　1/32　　印　　张：7.125

字　　数：192千字

版　　次：2014年12月第1版　　印　　次：2014年12月第1次印刷

书　　号：ISBN 978-7-313-12472-2/H

定　　价：32.00元

前　言

读书是每个人生活中不可缺少的一部分，我们阅读，亲历赏析、思考与超越；我们阅读，以阅读丰满心灵的羽翼；我们阅读，以阅读突破自我，让思想纵横捭阖，陶冶情操，丰富生活，提高素质。阅读是一种精神突围，阅读能够冲决狭隘人生的樊篱，让心灵拥有一片广阔的栖息地。阅读是一扇开向自由天空的窗口……

阅读是我们求知的主要途径之一，也是我们从书籍中获取知识信息的主要方法。我们只有广泛地阅读各种书籍，才能在人生求知的道路上获得最丰富的知识，人生的思维空间才能得到拓展，心灵才能引起共鸣，我们的人生才会丰富多采，生活的品位才能不断提升。阅读是我们生活中必须的内容！养成一种良好的阅读习惯，会让我们终生受益！

至于阅读，读与不读，读什么，是非常个人化的选择。社会潮流崇尚是一种选择，家庭影响、个人偏好也是一种选择。至于从阅读中获取什么，更是有各自不同的目的。余秋雨说"阅读是一件重要的事。对文化见识而言，更重要的是考察、游历、体验、创造。阅读能启发生命，但更多的是浪费生命"。如果阅读仅仅作为一种消遣或谈资，就像吃了食物，什么营养也没吸收，只是劳动肠胃，那的确会成为一种灾难，至少对身体而言，不如去户外活动更有益。

对一个真正的阅读者来说，阅读只是作为获取知识的方式和途径，先通过阅读去了解和认识，再经过见识、体验和思考，最终获得感悟和能力才是目的。能够对丰富人生、启发思维、增长智慧和发展生命有积极的甚至决定性意义的阅读才能称其为阅读。

编　者

2014 年 12 月于北方工业大学

目　次

第一章　成功への道

第二章　それぞれの性格には長所と短所

第三章　煩悩から解放する

第四章　人生の真理と生活の芸術

第一章
成功への道

1. 今日一日を大切にすること

人は生まれたときからすでに死に向って歩いているのです。

そう考えると今私たちが必死になっていることは、すべて、人生における一里塚でしかないのです。

それならば、長い夜をぐっすりと眠り、楽しい夢を見たいと思いませんか。

時を忘れて、しばしこもれびの中で命の息吹に身をまかせてみませんか。

でも、これは簡単なようで、とても難しいのです。

これを実現するために必要なのは、今日一日を大切にすることかもしれません。今あるものを大事にするのです。

今を大事にするということは、あるものを捨てなければつかめないのです。例えば両手にたくさん食べ物を抱えながら「あのブドウも欲しい」と求めても、抱えている何かを代わりに捨てなければそのブドウは取れないのです。

ほとんどの人は、ここで抱えている何かを捨てることができず、「どうしよう、どうしよう」と悩むのです。

見ないふりしてその場から逃げていたり、過去にいつまでも執着したりしていても、答えは見いだせないのです。

ときには、とことんどん底に落ちてもいいからやり直してみよう、という強い決意と意志が大事なのです。ときには過去の栄光も足跡も捨てなければならないということでもあるのです。

そうした決意から新たなる今という時間を、刻みつけていくことができるのです。

「今」を精一杯に生きるために何かを捨てる。

难词注解

一里塚(いちりづか)：里程碑

こもれび(木漏れ日)：从树叶空隙照进来的阳光

とことん：最后，到底

どん底(ぞこ)：最下层，最穷困的状态

刻(きざ)みつける：刻上；铭刻(于心)

参考译文

珍惜今天

每个人自打一出生，就已经开始迈向死亡。

这样一想，我们拼死拼活，也不过是人生中的过客而已。

既然如此，难道你不想在漫漫长夜酣然入睡，享受美梦吗？

难道不想忘记时间流逝，偷得片刻闲暇享受树叶中透过的细碎阳光吗？

但是，这看似简单，实则很难。

要想实现这点，可能有必要珍惜今天这一天。要珍惜现在拥有的一切。

要想珍惜现在，不舍弃一些东西是做不到的。比如，两手抱着满满的食物，却说“还想要那串葡萄”，但如果不舍弃手里的什么东西的话，是不可能得到那串葡萄的。

绝大多数的人在这时难以舍弃手里的东西，只会说“怎么办，怎么办”而苦恼不堪。

装作看不见而逃开，或者总是固守过去，是不会找到答案的。

即使坠入生活的最底层，也没关系，重要的是要有重新再来的决心和意志。有时候必须舍弃过去的荣耀和成就。

有了那样的决心，就能够铭记崭新的现在这一瞬间了。

为了尽情享受“现在”，要学会舍弃。

2. 捨てる勇気から、幸せは生まれる

ふと、「もう一度生まれ変わったら」と考えるときがあります。

それは現実があまりにも過酷で辛いときです。

そんなとき、つい、今の自分ではない自分を空想してしまうものです。

例えば、今度生まれ変わったらもっと美人になり、女王様のようにみんなをかしずかせてみたいという願望。

また、人に裏切られたり、蔑まれると、辛い気持ちは復讐心に変わり、「大金持ちになって見返したい」などと考えることで不満を吐き出します。

骨肉の争いの醜さから「家族がいない家庭で過ごしたい」と、ふと思うことがあります。

こうした非現実的なことを考えるのは、それだけ今が苦しく辛いときです。つまり相当無理をしているのです。

どんなに空想の世界で心を休ませようとしても、現実は変えることができません。やがて身動きできなくなって、地獄のように思うときがあります。

そんな地獄から脱出する一つが、捨てることです。つまり裸になることです。

最近ふと考えるのです。「気持ちいい！」「おいしい！」と心から言える毎日が送れたとしたら何もいらないのではないかと。

お金があれば大概のものは買うことはできます。ときには健康も買えることがあります。でも「おいしい！」と感じる能力はお金では買えません。

こうして考えると、私たちは何を目的に毎日生きているので

しょうか。

出世(しゅっせ)すること？エリートと思(おも)われる生(い)き方(かた)？権力(けんりょく)をもつこと？お金(かね)をためること？いい人(ひと)と結婚(けっこん)すること？復讐(ふくしゅう)すること？闘(たたか)うこと？

それぞれが生(い)きてきた中(なか)でそれぞれの世界観(せかいかん)から考(かんが)えた目的(もくてき)に向(む)かって、歩(あゆ)んでいるのではないでしょうか。

难词注解

かしずく：服侍，伺候；照顾；辅佐
蔑(さげす)む：轻蔑，瞧不起
見返(みかえ)す：(受了侮辱或轻视后)争气

参考译文

幸福来自敢于舍弃的勇气

有时忽然会想“要是能够转世再生的话该多好”。

那是当现实过于残酷而感到辛酸的时刻。

那种时候，不由自主地会产生如果不再是现在的自己的空想。

比如，希望下次投胎成为美女，像女王一样被人服侍。

或者当遭到背叛或被轻视时，难过的心情转变为复仇心，想着“走着瞧，等我变成有钱人”等，以此来发泄不满。

看到骨肉相争的丑态，会产生“真想生活在没有家人的家庭里”的想法。

这种非现实的想法正是产生于非常痛苦、难过的时候。也就是难以忍耐的时候。

不管怎样沉浸在空想的世界里，现实都是无法改变的。不久就会感到如同在地狱般越陷越深，直至无法动弹。

从地狱脱身出来的一个办法就是勇于舍弃。也就是彻底抛弃一切。

最近偶生一念。如果每天能从心底发出“好舒服啊”、“真香啊”的感叹,那人生就别无所求了。

有钱的话,能买到几乎所有的东西。有时甚至也能买到健康。但是,用钱买不到感受“真香啊”的能力。

这样一想,我们每天是为了什么目的而活着的呢?

是为了出人头地?是为了被称为精英?还是为了拥有权力?是为了积攒钱财?是为了和理想的对象结婚?是为了复仇?还是为了斗争?

在人生道路上,每个人都是本着各自的世界观,朝着自己既定的目标迈进的吧。

3. 成功への道

私たちは、新年になると決まって、「今年こそは」と新たな決意に燃えます。今よりもっと幸せになりたいという願望が、そうさせるのではないでしょうか。

しかし、その意識込みも、数日過ぎると、泡のように消えてしまいます。

それは「さあ、今年こそはやるぞ」という意気込みだけが先行し、結果がなかなかついてこないからです。

現実の厳しさが、意気込みを萎えさせてしまうのです。こうして私たちは、毎年同じことを繰り返しながら年をとっていくのではないでしょうか。

一方で、毎年、一歩ずつ先に進んでいく人がいます。

そんな人と、同じところを何回もぐるぐると回っている人との違いは、一体なんなのでしょう。

それは自分の「目的」をきちんともっているかどうかです。

先に進んでいる人は、自分の目的がわかっているのです。

とはいえ、わかっていても思うようにいかないのが人生です。大事なのは、予想と異なる結果が出ても、すぐに失敗だと判断しないことです。

失敗と思える経験が成功への道につながるのです。一歩ずつ先に進んでいく人は、失敗を無駄にせず、その先の人生への足がかりにしているのです。

なにごとも時間をおかなくては、本当の意味では「成功」「不成功」「幸せ」「不幸せ」はわからないのです。

例えば、失恋したとします。そんなとき、人は無意識のうちに、辛さを乗り越えようとします。お酒を飲んで忘れようとしたり、好きなものを食べて憂さを晴らしたりします。

「私は絶対に生まれ変わって素敵な人になる」と、美しくなることで相手を見返そうという前向きに考える人もいます。

人はそれぞれの考えで、そのときを乗り越えていくのです。そして、その「目的」が具体的であればあるほど、人は努力をします。

难词注解

あしがかり：线索，开端

参考译文

成功之路

每到新年，我们都会燃起新的斗志："今年可要……"。想必这是"一定要比现在更幸福"这种愿望作用的结果吧？

然而，数日过后，这个意志便化为泡影。

那是因为光有劲头"哎，今年可要大干一番啦"，实际行动却怎么也跟不上的缘故。

严峻的现实消磨了人的意志。我们不正是这样年复一年地老去吗？

另外，有些人每年都在一步步向前迈进。

他们和那些徘徊于同一个地方的人，究竟有什么不同？

不同点就在于他是否拥有明确的目标。

向前迈进的人清楚自己的目标。

然而，即便清楚也不一定能得偿所愿，这便是人生。重要的是即使结果出乎意料，也不要轻言失败。

失败的经历会通往成功之路。一步步向前迈进的人，不会浪费失败，而是把它当作前车之鉴。

无论做任何事情，要是不花点时间，就没法理解"成功"、"不成功"、"幸福"、"不幸"的真正含义。

比如失恋，此时，人会在无意识中想要摆脱这种痛苦。亦或借酒消愁，亦或品尝佳肴以驱散阴郁。

也有积极乐观的人，说“我一定要改头换面，成为一个非常棒的人”，通过让自己完美加以还击。

人们用不同的方式来克服不同时期的困难。而且，“目标”越具体，人就会越努力。

4. 誰にでもある、人に好かれたい

人間には、色欲·財欲·名誉欲·睡眠欲·食欲の五欲があると仏教は教える。しかし私は、人間には欠くことのできない重要な欲がもうひとつあると思うのだ。すなわち好ましい人間関係をつくりたい、維持したいという欲である。関係欲と私は呼びたい。

誰でも人間関係をよくしたいと考えているはずだが、皮肉なことに神経をすり減らし、心労を重ねるのも人間関係である。信頼できる人を求めていろいろ試みるが、誠意を尽くしても報いられなかったり、逆に思いもよらない仕打ちを受けることもある。だから初めから期待せず、一線を画して人とつき合ったり、人との交際は自分は不向きだとあきらめたくなることも多いものだ。

他人を自分に同調させようなどと望むのは、そもそも馬鹿げた話だよ。私は、そんなことをした覚えはない。私は、人間というものを、自立的個人としてのみ、いつも見てきた。そういう個人を探究し、その独自性を知ろうと努力してきたが、それ以外の同情を彼らから得ようなどとは、まるっきり望んでもみなかった。

『ゲーテとの対話』(エッカーマン著　山下肇訳/岩波書店刊)の中に出てくるゲーテの言葉である。彼は、人間はみな違った存在だから、自分に合わせてくれという期待をいっさい相手に抱いたことがないと断言している。常に理性をもって、相手を一個の人間と観察すれば充分だと語っている。なるほど個人主義の観念が発達したヨーロッパ人と、相互にもたれあって生きてきた日本人との違いであろうか。それにしても私自身「ゲーテさん、少しいい恰好しすぎやしませんか、そうあっさりいくものでしょうか」と一言申しあげたくなる。

私は『徒然草』第十二段の吉田兼好の言葉を思い出す。

「心をひとしくする人と、しんみりと話し合って、興味あることであれ、この世のはかなさについて、心おきなく語って心を慰めるなどということがあれば、このうえなくうれしいことであろう。しかし、現実にそんな人があるはずもなく、相手の話とちぐはぐにならぬように気をつかいつつ対座することになる。そんな時には、ひとりでいるような寂しさにおそわれるだろう。」

この段は、兼好が心の友への飢餓感を告白したものと言われている。むろん、封建時代のことだから、人間関係の上下が身分や出自によってきちんと決められており、対等な人間関係はほとんど不可能であったことだろう。しかし人間はそういう障害があっても、やはり心の通い合う人間を希求するものだ。逆にその思いがいっそう強くなるのではないだろうか。私は兼好が心の友を求めながらも、「この人にこんなことを言ったら、悪く思われないだろうか」「あの人の意見に同調しなかったら嫌われるのではないか」と相当気をつかってきた人だと想像する。『徒然草』の他の段と比べて、この段がひどく歯切れが悪く感じられるのを見ても、兼好はゲーテと異なり、相手の好意を期待する気持ちを捨てきれなかったに違いないと思う。

难词注解

神経をすり減らす：劳神

心労：操劳，操心

誠意を尽くす：竭尽诚恳

仕打ちを受ける：遭受蛮不讲理的对待

一線を画する：划清界线

不向き：不合适，不适当

馬鹿げる：愚蠢，糊涂，荒唐，无聊

まるっきり：完全；根本；一概

心（こころ）おきなく：毫无隔阂，毫不客气；无需担心

ちぐはぐ：不成双；不一致；不协调；龃龉

歯（はぎ）切れ：发音，口齿；干脆，爽快

参考译文

谁都想受人欢迎

佛教认为人有五欲：色欲、财欲、名誉欲、睡眠欲、食欲，但是我认为人还有一种不可缺少的重要的欲望，那就是想要营造和维系愉快的人际关系的欲望。我想将这种欲望称为关系欲。

谁都想营造好自己的人际关系，但是具有讽刺意义的是，正是人际关系令人劳神。有时为了寻求值得信赖的人而经过多方尝试，竭尽诚恳却得不到回报，反而遭到预想不到的蛮横对待。所以很多时候人们或从一开始就不作期待，划清界线，或认为自己不适合与人交往。

想让别人和自己保持同一步调本来就是一件愚蠢的事情。在我的记忆中，自己从未做过这样的事。我一直只将人作为独立的个人看待，努力对该个人进行探究，想要了解他的独特性，根本没指望从他们那里得到除此之外的同情。

《歌德谈话录》（爱克曼著　山下肇译/岩波书店刊）中，歌德断言人们均是不同的存在，自己从未期待对方配合自己。他认为只要常保持理性，将对方作为一个人来观察就足够了。个人主义观念发达的欧洲人和相互扶持着生存的日本人果然不一样。但是，在此我却很想说一句："歌德先生，是不是有点太装帅了？是否真的可以做得这么轻松呢？"

我想起了《徒然草》第十二段中吉田兼好的一段话。

"和心意相通的人恳切地交谈是饶有趣味的事，能毫无隔阂地谈论世间的无常从而使内心得到慰藉，这比任何事都令人愉快。但是，现实中不可能有这样的人，人们往往和对方相对而坐，在和对方交谈中小心翼翼地避免发生龃龉。此时，便会袭来一种独自一人的孤独寂寞感。"

这一段抒发了兼好对心灵相通的朋友的渴求。当然，封建社会中人们的身份和出身决定了人际关系的贵贱，平等的人际关系几乎是不可

能存在的。但是，即便是有这样的障碍，人们还是期望能找到与自己心意相通的人。相反，此时可能这种愿望会变得更加强烈。我想象兼好是一个渴望找到知心朋友、但同时又有种种顾虑的人，他会想："和这个人说这些，他会不会讨厌我呢?""我要是不同意那个人的意见的话，他会不会讨厌我呢?"和《徒然草》的其他部分相比，本段给人的感觉特别含混不清，由此也可以看出兼好与歌德不同，他非常期待别人对自己抱有好感。

5. 努力は必ず実を結ぶ

例えば、あなたがウオーキングをするとしましょう。ひたすらただ歩くだけならば、すぐに飽きてしまいますね。

しかし、公園を三周するとか、河原まで一往復するとか、目的を決めると、歩く意欲も出てくるものです。

このように少しずつ前に進むことが、幸せにつながる道なのです。明確な目的がないのに、「がんばるぞ」と気力だけがあっても、決して幸せにはなれません。

それは、行先を知らずにドライブをしているようなものです。結局、「こんなはずではなかった。こんなつまらないドライブなんかしなければよかった」ともなりかねません。

悲しい失恋も、「何も無理をすることもない。今度こそ自分に合った人を神様が連れてきてくださるに違いない」と安易に自分に都合のよい結論を出してしまっては、何も得るものはありません。こうした立ち直り方をしていると、同じパターンを繰り返すだけです。

はっきりとした目的をもたずに、何かに向かって「がんばるぞ！」と自分を鼓舞しているのは、「どうして幸せになれないの。このままではいや！」という、悲痛なる心の叫びなのです。

予想と異なる結果が出ても、すぐに失敗だと判断しない。

难词注解

ひたすら：只顾，一味，一个劲儿地

立ち直る：恢复，复原；喘息

参考译文

努力必有回报

我们以步行为例。单纯走路的话，马上就会生厌。

可是一旦确立目标，如绕公园三圈、去河滩一个来回等，步行的热情也就出来了。

如此向前跨出的每一小步，都通往幸福之路。若没有明确的目标，单凭魄力说“我要加油”，是绝不会幸福的。

这就如同漫无目的的兜风。结果可能是“不该是这样的，要是不这样无聊地兜风就好了”。

若遇上了可悲的失恋，就简单地为自己开脱，说“没必要勉强。下次老天肯定会赐予我一个相配之人”，那么你什么也得不到。要是靠这种办法重新振作，那只会重蹈覆辙。

面对事情，毫无明确目标，光是鼓励自己加油，实则是痛心地哀鸣：“为什么我得不到幸福？我讨厌这样！”

即便结果出乎意料，也不要轻言失败。

6.「時間」は見えないからこそ、大事に使う

がんばっているのに「ついていない」ときがあります。そして、ついていないときは、ついていないことが重なるのです。

私にとっては「ついていない」が当たり前の青春時代でした。

しかし、今振り返ってみると、それは甘えと依存からきた安易な生き方をしていたからでもあったのです。

安易な生き方とは、その場、そのときがよければよいという刹那的な考え方ともいえます。今日がよければ明日は考えないという価値観です。

刹那的な考え方になると、時間の観念や時間に対する認識が非常にルーズになります。

例えば、約束の時間が10時と決まっていた場合の時間の使い方です。どんなに急いでも30分はかかるはずなのに、なぜか15分で行けると安易な計算をしてしまう。そんなルーズな人の世界観です。

「ついていない」といったアクシデントに遭遇する人は、こうした準備時間、余裕ある時間のつくり方ができないのです。だから何をしても、「ついていない」のです。

といっても、私自身がこのことにはっきりと気づかされたのは、最近です。幾多の苦い経験から気づいたことです。

「運は時間を大切に使う心がなければ開かれない」という言葉があります。本当に、時間の使い方でその人の生きざまが見えます。

难词注解

刹那：(一)刹那，(一)瞬间，顷刻(间)

参考译文

正因"时间"看不见,才要珍惜

有时会虽然尽力了却"不走运"。而且,不走运的时候,往往会祸不单行。

对我而言,青春时代一向都"不走运"。

但如今回首往事,那也是由于天真和依赖心理而过着随便闲散的生活所致。

所谓随便闲散的生活方式,也可以说是只图眼前一时痛快的想法。是一种"今朝有酒今朝醉,明日愁来明日愁"的价值观。

一旦产生这种只图一时快乐的想法,对于时间的概念以及对于时间的认识就变得很懒散了。

比如,约会时间定在十点,在即使再快也得花上三十分钟的情况下,却自以为是地认为十五分钟就足够了。这就是懒散人的世界观。

遭遇"不走运"的人,是不会为自己留下准备时间、富余时间的。所以不论干什么,都会"不走运"。

虽说如此,我本人清楚地意识到这一点,却是最近的事。还是因为有过几次痛苦的经历后才发现的。

有言道,"命运不会眷顾不惜时者"。的确,从对时间的使用可以看出一个人的活法。

7. 時間は待ってくれない

若いころ、なぜか「時間」をこの目で見てみたいと思ったことがありました。「時間がはっきりとした形で見えたなら、今のような怠惰な生き方はできないだろう」と思ったのです。24時間をこの目で見たかったのです。

しかし、それには、時間を「形」に変えなくてはなりません。それは重さでも広さでもいいのです。

私はさっそく行動に出ました。時間を形に変えるもの、私にとってそれはドレスをできる限り、つくることでした。ドレスの枚数が、そのまま時間になると思ったのです。

費やす時間は一カ月。その間、できあがったドレスの枚数から一日分の量を割り当てるのです。

ドレスのデザインは三パターン。ハワイで着慣れていたムームーをアレンジしたものです。裏地をつけない木綿のローブデコルテもどきにしました。「ローブデコルテもどき」というこだわりの中に、そのころの屈折していた私の心が見てとれます。

とにかくこうして睡眠時間三時間、あとはすべて製作の時間に費やしてミシンを動かし続けたのです。

いちばん辛かったのは、ホコリでした。喉がもともと弱い私には、生地の裁断で出るホコリが苦痛でした。マスクで喉を守りながら、一カ月間ただひたすらミシンと向き合いました。

そのかいあって一カ月目にできあがったドレスは300着弱になっていました。

この作品を改めて見たとき、いかに時間という見えないものを無駄に使っていたのか、その愚かさに気づかされました。

時間は「あっ」という間に過ぎ去っていくのです。決して待ってはくれないのです。

人は、命にも空気にも、そして時間という目には見えないものにも、傲慢になっています。「しまった」と気がついたときには手遅れなのです。

しかし、どんな人も気がついたときから変わろうとします。私はこのとき、何かが変わりました。

「ついてない」と嘆くのはそのような生き方をしているからだとわかったのです。つまりすべて自分に問題があるのです。

それがわかれば生きるのは楽になります。なぜなら、自分を変えればいいのですから。

「ついてない」と嘆くときこそ、自分の生き方を変えるチャンス。

难词注解

ムームー：(夏威夷人穿的)牡木，宽大的女装，夏天便服

ローブデコルテ：女性袒胸礼服

もどき：像，模仿

割り当てる：分配，分摊，分派

参考译文

时不我待

年轻时，不知为何曾想亲眼看一下"时间"。因为心想"如果时间可以看得见，就不会像现在这样懒惰地活着了"。很想二十四小时都用眼看到。

但是要想这么做，需要把时间付之于"形"。或是重量，或是广度。

我赶快付诸行动。能把时间付之于形的东西，对我而言，就是尽可能地做礼服。因为我觉得礼服的数量可以直接转换为时间。

历时一个月。用其间完成的礼服量计算出每天的工作量。

礼服的款式有三种。我把在夏威夷时穿惯了的夏装改造成不要衬布的棉制仿礼服。一定要做成“仿礼服”，可见当时的我有多么执拗。

不管怎样，睡眠时间三小时，其余时间全用在踩缝纫机做礼服上了。

最痛苦的是灰尘。对喉咙本来就不太好的我来说，裁减布料时散发出的灰尘最难以忍受。在这一个月的时间里，我只好一边戴上口罩来保护喉咙，一边拼命缝纫。

功夫不负有心人。第一个月完成礼服近三百件。

回头再看这些作品时，才发现自己愚蠢地浪费了多少无形的时间。

时间转瞬即逝。绝不会为谁而停留。

人们对待生命、空气以及时间这些无形的东西时太无所谓了。等到发现“糟了”时为时已晚。

但任何人都会在发现后试图改变。我在这时也有所改变。

我明白了之所以会感叹“不走运”，正是因为那样的生活方式。也就是说问题都出在自己身上。

明白了这点的话，生活会变得轻松起来。因为只要改变一下自己就可以了。

感叹“不走运”时，正是改变自己生活方式的机会。

8. 失敗から教えられること

「ああ、つまらない」という不満を漏らしてしまうのは、理想とする人生とはほど遠い毎日を送っているときです。

そんなときに見つけた幸せの青い鳥は、たいてい自分の錯覚で、間違った道を選んでしまうことが多いものです。

ここでは私が若いころ、間違った選択をしてしまった話をしましょう。

私は、肥満を不幸の原因にしていたことがありました。

不思議なもので、肥満が不幸の原因と決めつけてしまうと、「そうだ、やせればきっと幸せになれる」と信じ込んでしまうものです。

一度信じ込んでしまうと、いてもたってもいられなくなります。

とくに自分にとって良いこと、素晴らしいこと、得することだと思えると、飛びついてしまいます。それが人間の性であり煩悩でもあるのです。

こうして私は、やせればきっと幸せが手に入ると確信してしまいました。その信念はメラメラと燃え上がり、またたく間に虚像の人生に向って駆けだしたのです。

思うようにいかないという不満の原因を、すべて自分のコンプレックスに向けてしまったのです。このコンプレックスを克服すれば、きっと幸せの青い鳥を見つけることができると思い込んでしまったのです。

悲しいことに、「これで幸せになれる」と信じ込んでしまうと、そこだけにとらわれていきます。

当時の私は、「やせなければいけない」という妄想は次にとらわれていました。こうしたときの妄想は次から次へと間違った方向へと発展します。

食べることが大好きだった私は、反対に食事をしないことで心が満たされるようになったのです。

朝食は抜き、お昼は果物、夜はヨーグルトと果物というメニューで、またたく間に減量の効果は出てきました。

そして、体重計に乗ることが生きがいになり、減量のたびに幸せな気分になったのです。これで幸せに近づいたと感じていたのです。

ダイエットはさらに過激になっていきました。絶食が快感になり、「自分はがんばっているんだ」と満足できるのです。

他人から見るとなんとも無謀で、そして愚かなことでも、人はある目的にまっしぐらに向っているとき、いちばん幸せに感じるものです。いわゆる「拒食症」の一歩手前でした。

そんなときです。肌に異変が起きたのです。顔一面に小さなボツボツができたのです。驚いた私は皮膚科に行きました。そこでわかった原因は、過激なダイエットで肝臓が弱っていたということでした。

この肌のトラブルはダイエットよりも悲惨なものでした。治療の間、だれとも会わず、ひたすら肌が元に戻ることを祈っていました。「もしかしたら元に戻らないのでは」と不安にもなり、「やせることと肌が汚くなること、どちらをとればいいのか」と自問したりしていました。

結局一カ月かかってようやく治りました。こうして私のダイエットは、失敗に終わったのです。

难词注解

またたく間に: 瞬间

生きがい: 生存的意义,生活的价值

まっしぐらに: 一直猛进,勇往直前

参考译文

失败给了我很多教训

“啊，真无聊”，当我们流露出这种不满的时候，一定是每天过着和理想的生活相去甚远的日子。

那时以为找到了幸福的青鸟，但多数情况下是自己的错觉，是选错了路。

在这里我要讲个故事，是关于我年轻时选错路的。

我曾经把肥胖当作不幸的根源。

奇怪的是，我把不幸的根源归结为肥胖之后，就坚信“只要变瘦就能幸福”。

一旦深信不疑，就开始坐立不安了。

特别是一想到这对自己而言是件好事、极其美妙的事、有利的事，我就深陷其中了。此乃人之天性，也是烦恼之所在。

就这样，我深信只要变瘦，就能得到幸福。这信念之火熊熊燃烧，转瞬之间烧到了虚幻的人生之境。

我把不顺心的原因归结为自卑。以为只要克服这种自卑，就一定能够找到幸福的青鸟。

可悲的是，一旦深信“这样就能幸福”，反会受其束缚。

当时的我满脑子都是“不瘦可不行”的妄想，这种妄想不断地朝错误的方向发展。

曾经酷爱美食的我，反而由于不进食而心满意足。

早饭省略，中餐吃水果，晚上的菜谱是酸奶加水果。短时间内减肥效果出来了。

然后，称体重成了生存的意义，每次体重减轻时我都很幸福，仿佛觉得离幸福近了。

节食愈演愈烈，断食给我快感，令我满足，“我在努力啊”。

人一旦朝某一目标奋进时，无论在旁人看来多么糊涂、多么愚蠢，他还是会感到无比幸福。也就是说，此时离“厌食症”只有一步之遥了。

这时皮肤发生了异常情况，脸上出现了一片小疙瘩。我吓坏了，于是去了皮肤科。原因是过度节食导致肝功能下降。

这皮肤的麻烦比节食更糟糕。在治疗期间,我谁也没见,只是一心祈祷肌肤恢复原状。我心里很不安,担心“万一恢复不了……”,有时候还问自己:“变瘦和皮肤变差,究竟选哪个好?”

结果花了一个月,皮肤终于治好了。这样,我的节食也以失败告终。

9. 私でも、やればできる

「ローブデコルテもどき」を縫い上げた私は、初めてお店を開きました。

当時のKショッピングセンターに交渉に行き、タダ同然の金額で、店舗を借りたのです。そんなことができたのは、このビルが翌年解体されることになっていたからです。

飾り棚やショーケースがないために、ショーウインドウの飾りは稲穂の束、わらを一面に敷き詰め、そこにドレスをさりげなく置いたのです。

次は黒のケント紙で美人の横顔をつくりました。黒の美人顔にガラスや金のボタンを張り付けて、目をキラキラと光らせたかったのです。これが手づくりのマネキンです。それに服を着せて、釣り糸で天井から泳がせるようにしました。

わらの匂いと、照明に反射してキラキラ光る手づくりのマネキン。

このディスプレイは当時としては斬新だったと思います。いつも人が集まってくるのです。

そしてドレスはあっという間に売れました。ビルの役員の方からもう少し続けてほしいと言われたほど、好評を博したのです。

しかし、私にはもうそんなエネルギーはありませんでした。売る服がなかったこともありますが、本当に「疲れたー！」のです。

思いつきや気まぐれから始めた遊びのような仕事は、しょせん持続しないものです。アイデアだけでは本格的な仕事にはつながらないのです。

ただ、それから数カ月のうちに、その周辺のお店が軒並みディスプレイにわらと黒い顔のマネキンを使うようになったのです。これは私の人生におけるささやかな自慢の一つです。

「こんな私でもやればできる」と思えたのは、このときだったかもしれません。

でも、こうした充足感は花火のようにあっという間に消えてしまうものです。

今も覚えているのはすべてが終わってしまったあと、近くの喫茶店でお茶を飲んだときの空しさです。

知りたい、見たい、という衝動だけでは、いつも「点」で終わってしまうのです。一本の「線」に結びつけたくても結びつけられないもどかしさは、生きることをさらに辛くさせてしまうのです。

空しくなったら、まず行動に移す。

そんな私の目にとまったのが、ホテルでした。

「そうだ、この売り上げたお金で最高級ホテルに宿泊し、いろいろな人の人物鑑定をしてみよう」というアイデアが浮かんだのです。

さっそく三冊の大学ノートを購入し、「人格とファッションの関係」「マナーとトータルファッションに関わる文化」「食べ物と持ち物との関係」とそれぞれの表題を記すと、さっそく行動に移したのです。

そのとき考えたことは、「形あるものはいつか消えてなくなる、どうせなくなるお金なら、もっと有効に生かしてみたい」ということでした。

今度はお金という目に見える形を、永遠に心と身体に残したいと思ったのです。無形の文化を築きたかったのです。

当時の私にいちばん欠けていたものが、文化と教養だったからです。

手探りの中で必死に求めていれば、必ず明日につながるエネルギーがつくられるのです。

必死(ひっし)に求(もと)めていれば、明日(あした)につながるエネルギーがつくられる。

难词注解

気(き)まぐれ：心情浮躁，忽三忽四；没准脾气；心血来潮；任性

しょせん：归根到底，结局，毕竟，反正，终归

もどかしい：令人着急的；令人不耐烦的；急不可待的

参考译文

即便是我，想做就能做到

仿礼服做好后，我第一次开了一家店。

我找到当时的K购物中心，以相当于免费的价格租下了一家店铺。之所以能这么便宜，是因为这座大厦第二年就要拆除了。

由于没有装饰架和展柜，我在橱窗里铺设了一整面的稻穗和麦秆，把礼服就那么很随意地摆放上去。

然后用黑色绘图纸做了个美女的侧面像。为了让她的眼睛熠熠生光，在黑色的美女脸上贴上了玻璃以及金属的扣子。这是个完全手工制作的模特儿。还给她穿上衣服，从天花板上用线悬挂起来，使她看起来像在游泳。

麦秆的清香，加上在灯光下熠熠生光的手制模特儿。

这种陈列在当时应当是很新颖的，所以总是门庭若市。

仿礼服一下子就卖光了。好评如潮，甚至大厦的工作人员希望我能再租一段时间。

但是我已经精疲力竭了。衣服卖完了是一个原因，但更多的是实在是“太累了”。

一时兴起开始的游戏似的工作，终归是不会长久的。仅凭些想法是不能从事正式的工作的。

不过之后的几个月里，周围店铺的陈列都开始用麦秆和黑脸的模特儿了。这是我人生中引以为荣的事情之一。

大概就是在这时，我开始认为“即便是我，想做也能做到”。

但是，这种满足感如烟花一样转瞬就消失了。

现在仍记得当一切都结束时，在附近的咖啡店里喝茶时感觉到的空虚。

想要知道，想亲眼看见，仅靠这种冲动，万事只能终结在“点”上。想要连成一条“线”，却又无法做到的那种焦躁感只会让生活更加辛苦。

感到空虚，就赶快行动。

那时，浮现在我眼前的首先就是酒店。

“对了，用赚来的钱去住最高级的酒店，去见识一下各种各样的人”，我萌生了这个念头。

我立刻购买了三本笔记本，分别记上了“人格和时尚的关系”、“关于礼节和整体式服饰的文化”、“食物和携带物品的关系”等标题，就开始付诸行动了。

那时我想到的是，“有形的东西总会消失的，既然钱总是会花掉，不如更有效地使用它。”

这次我想用钱这种看得见的东西，永远在心里留下成长的烙印。我想构筑无形的文化。

因为当时的我最欠缺的就是文化和教养。

只要在摸索中勇于探求，就一定会创造出通向明天的能量。

勇于探求，就一定会创造出通向明天的能量。

10. 自ら負けを認めたときが、本当に負けた

どんなに愛しても、自分の思いが遂げられないことがあります。

必死になってがんばったのに、左遷されることもあります。

どんなに自分が犠牲的に奉仕しても、相手の愛を得られないときもあります。

仲間と思って協力していたのに、裏切られてしまうこともあります。

そんなとき、人は世の無慈悲を恨みます。相手の無情さに憎しみを抱きます。

そして、その愛は憎悪に変わり、親切心は復讐心となって自分を苦しめます。

自分の努力や愛がすべて裏切られたとき、醜い恨みの化身になります。

「よくも裏切ってくれた」と、上げた怒りの拳は空でふるえている。

「どうして」と、呆然と立ちすくんだまま、しばし時がとまってしまった。

「信じられない」と、突然、後頭部を思いっきり殴られたような衝撃が走る。

「自分がばかだった」と、大声で泣いてもあとの祭り。

「死んでも許せない」「相手も地獄に突き落としたい、それで自分がダメになっても構わない」。

——こうして、憎しみや恨みを相手に向けてしまうのです。

しかし、実際に負けた相手は、「自分」なのです。自らが負けと認めて初めて、「負けた」のです。自分の意志や信念に対して「負けた」

のです。

しばし、体を休めて、また考えればいいのです。感情的な動きは決してしないことです。

*結果や過去に固執すると、幸せをつかみそこねてしまう

「負けた」と大声で言えるのは、やるだけやって精根尽きたとき、幕を下ろす気持ちになったときです。

それまで決して言葉にしない強さが必要です。

言葉にしてしまうと、すべてが消えてしまうからです。

その先にどんな幸せが待っているかもわからないのです。

「あのときは本当に辛かったけれど、今になってみればかえってよかった」ということが必ずあります。

つまり、そのときの結果や過去に固執すると、幸せをつかみそこねてしまうのです。

「アシュレがメラニーを愛しうるはずは、決してない。アシュレでなくても、だれだって、あんなねずみのような貧弱な女を愛しうるはずはない」

これは『風と共に去りぬ』のスカーレットが恋敵に向けた憎しみの感情を記した一文です。

人はとかく苦しさや悔しさをさまざまなことにこじつけて、自分の心を楽にするものです。

愛もそうです。憎しみの対象を、本来向けるべき相手とすり替えてしまうのです。そうすることで自分の心を楽にしようとするのです。

「あの人に負けたくない」という感情だけで、大事な自分の人生を無駄に送るほど空しいことはありません。

大事なことは、あの人ではなくて自分に負けないことです。

自分に負けないとは、これから自分で選び、そしてそこで起きうることに対しての態度を考えることです。

难词注解

こじつける：牵强附会

参考译文

自己认输的时候，就是真正失败的时候

有时不管多么喜欢对方，都不能如愿。

有时竭尽全力了，却遭降职。

有时牺牲自己去奉献，却得不到对方的爱。

有时把对方当作朋友去帮助，却反遭背叛。

这个时候，人们往往会痛恨人世残酷，憎恶对方的无情。

而且，由爱生恨，热心肠变成复仇心，让自己痛苦万分。

当自己的努力和爱都遭到背叛的时候，就会转变成丑陋的仇恨的化身。

“胆敢骗我”，愤怒的拳头在半空中颤抖。

“为什么会这样”，呆呆地站在那里，仿佛时间已经停止。

“简直难以置信”，突然一阵冲动，仿佛挨了当头一棒。

“我太傻了”，大声痛哭却已无济于事。

“死也不会原谅”，“真想送他下地狱，搭上我的命也愿意”……

——像这样，所有的憎恶和仇恨都发泄到对方身上。

可是，实际上失败的一方，却正是“自己”。承认自己失败之时，才是真正的失败之时。是对自己的意志和信念承认失败了。

应暂时休养身体，再做思考。绝不可感情用事。

***沉溺于结果及过去，就会错失幸福**

能够大声说“我输了”的时候，只能是尽了最大努力，认为自己可以谢幕的时候。

不到这一步，决不能轻言失败。

因为一旦说出口，一切都不可挽回了。

说不定紧接着就会遇见幸福。

你一定会说“那时确实很痛苦，不过现在看起来反而是好事”。

也就是说，如果沉溺于当时的结果及过去的事情，就会错失幸福。

“艾希礼决不可能爱媚兰的。不仅是艾希礼，谁都不可能去爱那个像老鼠一样瘦弱的女人。”

这是《飘》里表现郝思嘉对情敌的憎恶之情的一句话。

人们总是会把自己的痛苦或是悔恨转嫁到其他事上，以求得心灵的轻松。

爱也如此。将原本应憎恨的人替换成了其他人，以此来求得心灵的轻松。

就为了“不想输给那个人”而因此葬送自己宝贵的人生，实在是空虚至极。

重要的是，不要输给自己，而不是那个人。

不输给自己，就是要好好思考对于今后自己所选择的并且因此有可能会发生的事情的态度。

11.「気にかかる」ときは、きちんと考えてみる

気にかかっていた問題が起こったとき、「やっぱりこうなると思った」「あのときにやっておけばよかった」という言葉を口にしたことがありませんか。

しかし、こうしたことは予感ではありません。起きるべきことを、心のどこかでは感じているのです。

煩わしいことを考えるよりは、なるべく自分に都合がいいように考えようとしているのです。どこかで逃げているのです。

「やっぱり」といった言葉には、その問題から逃げていた自分に気づいたある種の後悔の気持ちがあるのです。

大概、逃げていたことは現実のものとなります。つまり、「やっぱり」の感情は自分が気にしていたことが的中したことを認めた言葉でもあります。

例えば「この花が気になる」と思えば、人は気になるその問題に対処します。枯れそうだと気になったら、水を与えます。成長が止まることを案じていれば、植え替えようとします。

しかし、「その花が気にかかる」というときは、気にかかりながらも対処はしません。しなければと思いつつ、気にかかりつつも行動しないのは、そこまでのエネルギーがないからです。

そうしたときに、「やっぱり」が的中するのです。

つまり、「やっぱり」という言葉は、「気にかかりながらも、何もしなかったことを後悔」したときに、口にしてしまうのです。

こうしたことはだれもが日常、経験しています。

そのときに「やっぱり」がささいなことですめばいいのですが、大火傷のときは大変です。

「気になる」「気にかかる」という勘の正体

そこでここでは「やっぱり」を避ける方法について考えてみましょう。

大事なことは、ある言葉が具体的に浮かんだとき、その言葉を疎かにしないで、きちんと考えることです。

昔から言葉は言霊といい、心のありようを表現するものだといわれています。言葉が心の物差しになるということです。

人はだれでもある種の「勘」をもっています。例えば、「あのことが気になる」「あれが気にかかる」と思うことです。

私たちはこの「気になる、気にかかる」といった勘を働かせながら、無事に生きているのです。

ところが心が疲れていたり、肉体が疲労したりしていると、この勘が鈍くなります。つまり、大事なことに気づかずにやり過ごしてしまうのです。

そしてその結果、「やっぱり、こうなった」「あのとき、やっておけばよかった」と悔やむことになるのです。

こうしたトラブルを防ぐ物差しが、「気になる」「気にかかる」という勘と、言葉にあるのです。

あなたは何かが気になったときはどうしますか。そのままにしておきますか。

きっと、心身が疲れていないときは、ほとんどの人が気になった以上は、対処するはずです。認めているものに対して、人はそのまま放っておくことはできないものです。

つまり、「気になった」ことを問題だと認めている限り、適切な対処をしているので、気になったことは時間が経過してもトラブルにならないのです。

しかし、「気にかかる」場合はどうでしょうか。

気にはしているけれど、たぶん大丈夫だろう、という判断です。

この場合は適切な対応はしません。たぶん大丈夫という逃げが「勘」を鈍くしてしまったからです。

このように問題を「気にかかる」だけにとどめてしまうときは、それに対処しようとするエネルギーがないときです。肉体的疲労もあれば、不安、イライラなど精神的な動揺があって、エネルギーがないときです。

時間もエネルギーもすべてがなくなると、どうしてもそうした思考は希薄になります。

悩みの要因はすべてエネルギーが弱体化したときに出てきます。

普段から「気にかかる」ことには「気になる」という意識に変えて対応することで問題になる悩みは少なくなります。

「気にかかる」と思ったときは意識を「気になる」に変える。

难词注解

物差し：尺度，标准

参考译文

“惦记”的时候请三思

惦记的事情真的发生的时候，你是否说过“我早知会这样”、“当时要那样做了就好了”之类的话呢？

但是这不是预感。而是在内心里已经感觉到了将会发生的事情。

只不过与其考虑烦心的事情，不如去想些高兴的事。人们总喜欢逃避现实。

在“早知如此”这句话里，就包含着发现自己一直在逃避问题后的一种后悔的心情。

逃避的东西往往会变成现实。也就是说，说“早知如此”这句话，其实就是承认自己所担心的事情真的发生了。

比如当“很担心那盆花”时，人们往往会处理担心的问题。担心它快枯萎了，就会浇水。担心它不长了，就会重新栽种一下。

但是，当“惦记着那盆花”的时候，虽然念叨着却没采取任何措施。心里想着必须得去做，放心不下，却又没有任何行动，其原因就在于缺乏行动的干劲。

这种时候，“早知如此”的事情就会发生了。

也就是说，说“早知如此”这种话的时候，是在“后悔一边惦记着，却又一边什么也没做”的时候。

这种事情任何人都在日常生活中经历过。

这时，如果“早知如此”的事情是些小事也就罢了，可是吃大亏的时候可就麻烦了。

“担心”、“惦记”这种直觉的真面目

因此，在这里试着考虑一下如何避免发生“早知如此”的事情吧。

重要的是，在某种语言具体显现的时候，不要忽略它，而是认真地加以考虑。

从古至今，语言一直被称作“言之魂”，是表现内心实情的东西。即语言是心灵的标准。

任何人都有某种“直觉”。比如会“担心这件事”、“惦记那件事”。

我们一面会产生这种“担心、惦记”的直觉，一面平安无事地活着。

但当身心疲惫的时候，这种直觉会变得迟钝。也就是说，会忽略重要的事情。

而其结果就是会后悔地说“果然会这样”、“那时做了就好了”。

防止这种麻烦的尺度在于“担心”、“惦记”的直觉和语言。

你在担心什么事情的时候会怎样做呢?会放任不管吗?

在身心不疲惫的时候，绝大多数人肯定会在担心后采取对策。因为对于认定的事情往往不会置之不理的。

也就是说，只要认定“担心”这一事实，就会采取对策，所以担心的事情即使经过很长时间也不会惹出麻烦。

但是，“惦记”的时候又会怎样呢?

虽然有点在意，但会认为大概没关系吧。这时不会采取相应的对策。原因是“大概没关系”这一逃避的态度使“直觉”变得迟钝了。

像这样把问题停留在“惦记”之时，正是缺乏对此采取对策的干劲的时候。这种时候既有肉体上的疲劳，也有不安、烦躁等精神上的动摇，

因此会没有干劲。

当时间和干劲都没有了的话,这样的思考自然就变得不足起来。烦恼都出自精疲力尽之时。

从平时开始就有意识地让“惦记”转变为“担心”来处理问题,那么烦恼就会大大减少。

感到“惦记”时就转变意识使其变成“担心”。

12. 売ろう、売ろうと思うから売れない

禅の修行など、自分と直接には関係がないと思われるかもしれないが、そうともいえない。

以下は何かの本で読んだ話である。

家電メーカーに入社して四年目の若者がいた。営業部に配属され、四年目にして初めて自分の担当地域を与えられたという。販売会社や小売店に納品するのが仕事だが、相手も販売のプロだから、若い営業マンを簡単には相手にしてくれない。彼は地域を任されてから、急に営業成績が落ちこんできた。もともと性格は明るかったのに思いつめ、すっかり無口になった。成績が落ちたことであせり、自分の無力さにクヨクヨと悩み続け、心痛地獄でもがいていた。そんな状態が数週間続いた。

彼の上司である課長は、彼が立ち直るのを辛抱強く待っていたが、ある日、「今夜、一杯どうだ?」と声をかけた。

酒席で彼は、「新製品を持っていくら訪問しても、なかなか相手をしてくれない。自分なんかこの仕事に向いていないんです」と涙を流して課長に訴えた。すると課長は、自分の体験から、「売ろう売ろうと思うからあせりが生まれ、逆に売れなくなる。相手がどんなプランなら興味をもつか、自分で工夫してみろよ。その地域の特色はどんなものか、歩いて調べるのもいいかもしれない」とアドバイスした。彼は目からウロコが落ちる思いだったという。

この課長のアドバイスも、心労より工夫に全力を注げということである。いったん落ちこんだときは、工夫する心の余裕が生まれにくい。だから、そういう心配りができる知力をふだんから養っておくことだ。例えば物事を考えるとき、ひとつの命題について

少なくとも三通りぐらいの答えを用意する。ちなみに、ユダヤ教のラビ(牧師のこと)の試験は、聖書のひとつの文を五通りに解読できないと合格しないそうである。

クヨクヨ考えて自縄自縛になることだけは避けたい。そのためには、ふだんから頭を柔軟にすることを心がけたいものだ。

难词注解

納品：交纳的物品；交货

もがく：(痛苦地)折腾，挣扎；焦急，着急

参考译文

欲速则不达

你也许会认为禅的修行与自己没有直接关系，但是并不能那么说。

以下是在一本书上读到的故事。

有一个年轻人自进入某家电生产公司工作已是第四年了。据说他被分配在营业部，工作到第四个年头的时候他第一次有了自己的负责区域。他的工作是向销售公司和小卖店推销产品。因为对方也都是销售的行家，所以不会轻易把他这个年轻的营销员放在眼里。被委以负责区域后，销售业绩突然急剧下降。原本性格开朗的他越想越苦恼，变得沉默寡言。他因为业绩下降而烦躁，终日闷闷不乐于自己的无能，在痛苦中挣扎。这样的状态持续了好几个星期。

作为他的上司，课长一直忍耐着等着他重新振作起来。直到有一天，课长招呼年轻人："今天晚上一起去喝一杯如何？"

"不管我拿着新产品去拜访多少次，他们都不理睬我，我这样的人不适合这份工作啊！"席间，年轻人哭着向课长倾诉。于是课长从自身经验出发，给了年轻人建议："正因为你一个劲地想着要卖出去卖出去而产生了焦躁情绪，结果反而卖不出去了。你自己要好好想想怎样的方式能让对方感兴趣。也可以去各处走走，进行调查，从而找出本区域的特

色”。据说这番话令年轻人恍然大悟。

这位课长的建议其实就是说与其操心苦恼还不如全力以赴去寻找解决办法。一旦情绪低落，就很难有心思去出主意想办法了。所以，我们应该在日常生活中培养自己思考问题的能力。比如在考虑问题的时候，对一个命题至少要准备三种左右的答案。据说，在犹太教牧师考试中，如果不能用五种不同的方式解读《圣经》就不算合格。

若要逃脱忧心忡忡、作茧自缚的境地，平常就要留心锻炼大脑灵活应变的能力。

13. 眼からウロコが落ちた営業マン

『月刊ビッグ・トゥモロウ』(青春出版社刊)に、『誰にも言わなかったとんでもない人間学。不器用でつき合いベタだったから、トップになれた』というおもしろい特集記事があった。そこに不動産会社のある営業マンの話が出ていた。

毎日足を運び、それこそ手を変え品を変え土地を売ってくれるよう説得しても、決して首をたてにふらない頑固な老人がいた。営業マンは、もう自分の力では到底ダメだと半ばあきらめの心境になった。

これが最後と決めて訪ねた日のこと。ふと老人の部屋の上方に目をやると変わった神棚があった。彼は、この頑固な老人は一体何を信仰しているのかと興味をもった。許しを得て神棚を見せてもらい、どうやら長野県にその神社があることがわかった。

その後彼は、気分転換の気持ちも手伝って長野県に行き、その神社でお札を買った。そして、それを持って今度こそ最後のつもりで老人の家を訪れた——そのときはすでに老人の土地を買収することは断念していたという。すると、あれほど頑なだった老人が、「あんたなら売ってもいい」とあっさり承諾したのである。

なぜ老人は突然、承諾したのであろうか。営業マンは最初の頃、なんとしても買収してやろうと必死になるあまり、老人の感情などほとんど考えず、欲丸出しであった。ところが、買収することをあきらめてお札を持参したときにその欲が消えて、ひとりの人間として老人と接することができた。だから老人は初めて心を開いたのである。

『地蔵十輪経』という経典に、仏道を修行する者の十のタブーが示されている。これらのことをやると、心が乱れてしまうと説かれている。

一には、事業に楽著す。二には、談論に楽著す。三には、睡眠に楽著す。四には、営求に楽著す。五には、艶色に楽著す。六には、妙声に楽著す。七には、芬香に楽著す。八には、美味に楽著す。九には、細触(肌ざわりのいいもの)に楽著す。十には、尋伺(思考)に楽著す。

楽著とは、執着ということである。どんなものにも愛着を感じ、欲に心が占領されると、心が汚れて自分を見失っていく。しかも執着してしまうと、執着していることがわからなくなるのが人間である。要領よくやろうと思ってあせり、自分の都合や計算ばかりが先行して、相手の心を慮る心の余裕を見失っていくのも私たちだ。要領よく生きよう、器用にうまく立ち回ろうという心が、欲そのものなのだ。先の営業マンの心的プロセスは、この事実を雄弁に物語っているのではないだろうか。

この器用に生きる心を浄化させられたら、人間は本物の仕事や人との本当のふれ合いができるのである。だから真に人間らしく生きるには何を学ぶべきか、という先ほどの課題が私たちにとっていかに大事かがわかる。

难词注解

楽著：贪恋，迷恋，执着

札：牌子，护身符，告示牌

タブー：禁忌，避讳

慮る：考虑，顾及

参考译文

恍然大悟的营业员

《月刊·未来》(青春出版社刊)上有一个非常有趣的主题报道,“从来没有对谁讲过的出乎意料的人生哲学:不要小聪明,不善于和人交往,反而能取得最好的业绩”。其中讲了一个房地产公司营业员的故事。

这个营业员遇到了一位非常顽固的老人,可他又必须说服老人把一块土地卖给自己。于是他每天拜访费尽心机,可是磨破了嘴皮子也不能说服那位老人。他感到靠自己的力量实在无能为力,几乎要放弃了。就在他下决心最后一次去拜访老人的那天,不经意地向老人的屋子上边望去,突然发现那里有一个古怪的神龛,他想到这位顽固的老人到底信仰着一些什么呢?得到允许之后,他看到了那个神龛,了解到供奉的神社在长野县。

之后带着一种散散心的想法他去了长野县,并且在那个神社买了“社符”,然后拿着那护身符,打算最后再到老人家去一次。当时他已经放弃从老人那收买土地的念头了。结果出乎意料的是当初那么顽固的老人竟然说“也就是你呀,我才答应卖”,特别爽快地答应卖地了。

为什么老人突然答应了呢?那营业员一开始拼命地劝说,一副无论如何也要买下来的架势,丝毫没有顾及老人的感情,流露出势在必得的欲望。可是当他打消了心中的念头,拿着神社的护身符前去拜访的时候,是“无欲”前去,是作为一个“人”和老人交往去了。所以老人才对他敞开了心扉。

《地藏十轮经》中指出,佛道修行者有十戒,能守这十戒者心神淡定自若;反之,心神俱乱。

一、执于事　二、好空谈　三、贫于睡　四、专营求　五、慕艳色
六、闻妙声　七、嗅芬芳　八、食美味　九、触腻肤　十、陷寻思

所谓“乐著”就是“执着贪恋”。对任何事物感到恋恋不舍,一旦贪恋的欲望占据了心灵,灵性就会被玷污,进而迷失自我。并且,人一旦陷入了这种“贪恋”,反而会迷失自己究竟“贪恋”于什么了。急于精明生活的人,往往只顾算计自己是否“划算”,至于说对方的心境如何,已经无暇顾及了。追求“精明地生活”、精于世故本身就是欲望的化身。前边提到

的那个营业员的心理历程，就雄辩地印证了这个道理。

当这种“精明地度过人生”的邪念得以净化，就能真正的工作或与他人达成真正的心气相通。所以，先前提到的“要想度过一个真正的人生，我们应当学习什么？”这一课题，对我们来说是多么的重要。

14. 心配性である

「失敗は成功の母」と言う言葉がありますが、「心配は成功の乳母」です。生みの親とまではいかないまでも、これまでのあなたの人生をかなりサポートしてくれているものなのです。

なぜならば、たとえば、翌日に学期末の試験があるとしましょう。心配性のあなたはいくら勉強してもちゃんと合格点が取れるか、よい点が取れるのか心配で仕方がないでしょう。そんなときは、何度も何度も見直したはずなのに、また再びノートや教科書、出そうな問題とその答えをチェックすることになります。

しかし、そういう心配や不安があるからこそ、結果的に合格したり、よい成績を取ることができたりしたわけです。

一方、まったく心配性でない人はどうでしょうか?「ああ、こんなことならもう少しやっとくんだった」と後悔しても後の祭り。落第したり、追試を受けたりの有様になるでしょう。こういうことは仕事でも何でも一緒ですね。

心配する度合いが強いからこそ、物事に万全を期するようになるし、失敗や悪いことを未然に防いでいるわけなんですね。

难词注解

サポート：支援，支持

追試：补考

参考译文

爱担心

人说“失败是成功之母”，那么“操心就是成功的奶妈”。即使不是亲生的父母，却也在你迄今为止的人生中一直支持着你。

要说原因的话，比方说第二天是期末考试。爱担心的你即使付出了很多努力，仍会为能否合格、能否得到高分而担心不已吧。那时候，你会把已经看了无数遍的笔记本、课本再次捧起来，对可能出的问题和相关答案再次进行检查。

可是，正因为有这样的担心和不安，结果才能合格或者取得好的成绩。

另一方面，一点都不爱担心的人又怎么样呢？即便后悔说“啊，早知道这样应该多看一会的”，那也只是马后炮而已。于是只能不及格或者参加补考吧。这样的状况在工作或其他事情上都是一样的。

正因为担心的程度强，就会对所有事物都期待万无一失，并且对失败或坏事能防范于未然。

第二章
それぞれの性格には長所と短所

15. 外向型と内向型、どっちがいいか！

私たちはよく、人間の性格を外向型と内向型とに分ける。この区別はスイスの心理学者ユングが、人間の性格のタイプを表す用語として使ったといわれる。

外向型というのは、人づき合いがよく誰とでも調子を合わせられる、自分のほうから積極的に人に働きかけるし、相手の要望にも前向きに応じていくタイプだ。反対にこんなことをしたら笑われやしないか、と相手の心を勘ぐっていつも自分の殻に閉じこもりがちで、なかなか自分のほうから人に働きかけることができない。ときには無理してかえって後悔し、ひどく落ち込むこともある——このタイプを内向型と呼ぶ。たしかにこの区別はお互いに思いあたる節もあってわかりやすい。このように私たちは自分の特性をどちらかに分けて、あの人は外向的で明るくていいとか、私は内向的だから人づき合いで疲れるなどと思うものだ。

しかし人間には、この二つのタイプが共存していて、どちらの濃度が濃いか薄いかで外向型か内向型かに分かれるというほうが当たっているのではないだろうか。ゲーテがどちらのタイプかはにわかに判断できないが、兼好は少なくとも内向型タイプであったに違いない。兼好が出家したのは、内向型性格で人間関係に疲れてしまったのも理由のひとつではなかったか、そんな気がしてならないのだが、いかがだろうか。

このように内向型人間は人づき合いがヘタだと決めつけているところが私たちにはあるが、果たしてそう単純に判断していいのであろうか。たしかに兼好を見ていると、自分は内向的で人づき合いがうまくないと、あきらめている節が感じられる。しかしちょっと角度を変えて考えたら、内向型しかできない自分の活かし方が発見できるのではないだろうか。それに外向型の人間が、必ずしも人づき合いがうまいとは限らないと思う。

难词注解

勘ぐる：猜疑，瞎猜测

思いあたる：想起，想到；觉得有道理

にわか(俄か)：突然；马上；暂时

参考译文

外向型和内向型，哪个更好？

我们经常将人的性格分为外向型和内向型。据说这是瑞士的心理学家荣格用来表达人类性格类型的用语。

外向型的人善于与人来往，和任何人都能合拍，能够积极地对待别人，积极地满足对方的要求。与此相反，内向型的人总是会去猜疑对方的心思，“如果自己这样做了，会不会被对方取笑”，从而很容易自我封闭，很难积极地去对待别人。有时勉强自己这样做了之后反而会后悔，意志消沉。的确这样的区分有一定的道理，很好区别。于是我们将自己的性格归为其中之一，便会有这样那样的想法，认为那个人是外向型的，性格开朗，很好；自己是内向型的，和人交往很累等等。

但是，其实每个人都是两种类型并存的，是外向型还是内向型要看哪个更占上风。歌德属于哪种类型呢？这很难立刻作出判断，但兼好肯定属于内向型。我总觉得兼好之所以出家，原因之一是因为他的性格属于内向型，所以疲于人际交往。不知各位觉得如何呢？

像这样，我们断定内向型的人不善于与人交往，但是究竟能不能简单地下此判断呢？我们在看兼好时，确实可以感受到他认为自己性格内向、不善与人交往的地方。但是，如果我们换个角度来思考的话，我们可以发现内向型的人特有的活法。另外，外向型的人未必就善于交际。

16. 外向型·内向型の長所と短所

両方の型の長所と短所を私なりに比較してみたい。

＜外向型の長所＞

現実への対応能力がある。

人づき合いも好きで、積極的に他人に働きかける。

他人に好ましくない態度をとられても簡単にはあきらめない。楽観的である。

明るい性格で人に好かれ、リーダーになる資質があると一般的には考えられる。

自分の気持ちも隠さず話す。

大勢とにぎやかに楽しむのが好き。

＜外向型の短所＞

積極的なのはいいのだが、マイペースになりがち。

自分のことを自慢しがち。

自分の内面を見つめたり、物事を深く考えることはあまりしない。

八方美人すぎるために軽い人間と見られ、信用もされず、品性を疑われることもある。

大ざっぱで繊細な感情に乏しい。

＜内向型の短所＞

自分の事を他人がどう見ているかが気になるので、消極的になり、自分のほうから他人に働きかけることはほとんどできない。

主体的には生きられない。他人に依存しがちである。

何事にも自信がなく、優柔不断である。

自己愛が強いので、恥をかくことを恐れる。クヨクヨと悩み、落ち込むでストレスもたまりがち。

大勢の人と協力して何かをすると、ひどく疲れる。

ささいなことにこだわり、好き嫌いもはっきりしている。

＜内向型の長所＞

地道に物事に打ち込める。

自制心が強く、決して出しゃばらない。

自分の内面を充分に見つめる。

繊細な神経があり、人の心の傷みを感じられる優しい性格。

根が正直で、いい加減な妥協は許せない。

こう見ると、両タイプとも様々な長短がある。とくに主張したいのは、外向型人間は人間関係が上手とは必ずしもいえないことだ。自分は外向型だから、人づき合いが上手で人からも信頼されていると過言すると、しばしば失敗するものだ。一方、内向型人間は外向型人間に比べて、人づき合いがヘタだといえる。

その理由は、他人に悪く思われたくない、恥をかくのが恐ろしいという考えが、内向型人間の心を支配しているからだ。その点、外向型人間はそんなことはいっさい気にしない傾向がある。

さらに厳密にいうと、内向型人間が他人に悪く思われたくないと考えるのは自己愛が強すぎるからだ。自己愛が強すぎると頭では理解できても、感情的にはままならない。その結果、他人のことを気にすることに過剰にエネルギーを使いすぎて、人づき合いがうまくいかないのだ。

しかも、このような欠点を直せといっても、内向型人間は決して素直に受け入れないだろう。かえってますます頑なになるものだ。他人には厳しく、自分にはわりと甘いのが人間だが、内向型人間は外向型人間に比べてはるかにその度合いが強い。だから、人に注意されると、心が内へ内へと籠もっていく。これこそ内向型人間の内向たるゆえんだといってよい。

难词注解

八方美人：四面讨好；八面玲珑

大ざっぱ：粗枝大叶，粗心大意；粗略

恥をかく：出丑，丢脸

地道：踏实，勤勤恳恳

出しゃばる：出风头；多嘴多舌

ままならない：不随心；不如意

頑な：顽固，固执

参考译文

外向型、内向型的长处和短处

在此，我想按照自己的想法比较一下两种类型的优点和缺点。

〈外向型的优点〉

•有适应现实的能力。

•喜欢与人交往，积极地对待他人。

•即使别人态度不好也不轻易放弃。乐观。

•性格开朗招人喜欢，一般认为具有成为领导者的资质。

•毫不隐瞒地说出自己的感受。

•喜欢很多人一起热闹。

〈外向型的缺点〉

·很积极,但容易我行我素。

·容易自满。

·不太关注自己的内心,考虑事物不太深思熟虑。

·有时因为太过八面玲珑而被人视为不稳重,难以信任,品格招人怀疑。

·粗枝大叶,缺乏细腻的感情。

〈内向型的缺点〉

·因为在意别人对自己的看法,所以做事消极,几乎无法主动积极地对待别人。

·无法作为主体生存,容易依赖别人。

·做任何事都没有自信,优柔寡断。

·自恋,害怕丢脸。容易烦恼、情绪低落、精神紧张。

·和很多人一起合作做事时,感到极其疲劳。

·拘泥于琐事,爱憎分明。

〈内向型的优点〉

·做事踏实专注。

·自制心很强,决不显摆。

·充分审视自己的内心。

·感情细腻,性格温柔,能够感受别人心中的伤痛。

·本性正直,不允许随便妥协。

这样看来,两种类型都有各种各样的优缺点。这里特别想要强调的一点是:外向型的人未必就一定善于交际。如果过分相信自己是外向型的人,因此认为自己善于交际、受人信任的话,往往会导致失败。另外一方面,可以说内向型的人比外向型的人不善于交际。

这是因为,不想被别人讨厌,害怕出丑的想法在内向型的人的心里起到了支配作用。这一点,外向型的人一般都不会在意。

更严格来说,内向型的人之所以不想被别人讨厌是因为过分自恋的缘故。过分自恋使人头脑中虽然认可了,但感情上总不如意。其结果会导致消耗过多的精力去在意别人，从而不能很好地与人交往。

但是，即使让内向型的人改正这个缺点，他们也不会老老实实地接受的，反而会变得更加顽固。人们往往严于对人，宽于待己，内向型的人比起外向型的人，在这方面明显得多。所以，内向型的人一旦被别人说几句，就会不断封闭自己的内心。这可以说是内向型的人之所以内向的缘由。

17. 成功したのに出社拒否する

次も人づてに聞いた話である。コンピュータ会社に勤めるE氏は三十歳で独身。仕事熱心で温厚な性格なので、たいそう課長に可愛がられていたという。

ある日E氏は、課長から、大きなプロジェクトを初めてまかされた。それから三ヶ月間、E氏は寝食を忘れて仕事に打ち込み、なんとか目標を達成したという。同僚たちも喜んでくれたそうだ。

ところが、一番喜んでくれると思っていた課長は、「よくやったな」と口では言ったが、なぜか無表情で、E氏はそらぞらしくさえ感じたという。「心の中では、自分のことをすごい奴だと評価してくれているに違いない。他の連中もいたから遠慮したんだ」と、E氏は自分を納得させるしかなかった。

しばらくして同僚のF氏から、「おい、課長が『この間の企画では自分がひとりで苦労した』と部長に言っているらしいぞ」と聞かされる。E氏は身体が凍りつくほどに驚いた。「課長がそんなことを言うはずがない。自分をあれだけ買っていてくれていたんだから……」とE氏は信じなかった。しかし、あのプロジェクト以来冷たくなった課長の態度を思うと、同僚の言葉を打ち消す気力がすっと消えていくのもどうしようもなかった。

E氏は会社に行くのがしだいに辛くなってきた。同僚たちに心の動揺を悟られたくなくて、無理をして行っていた。仕事中、ボーッと窓の外を見ている時間が多くなった。その態度を見かねた課長はE氏を叱り、そのためE氏はますます頑なになっていった。そしてついに「課長は俺の仕事の成果に嫉妬して手柄を横取りしたんだ」と恨むようになった。

もともとひとり息子として大事に育てられてきたE氏は、別の仕事に情熱を傾けて恨みを忘れようなどと気持ちをさっと切り替えることができなかった。課長に怒りをぶつけ、ことの真意を確かめる勇気もなかった。とうとう、登校拒否ならぬ出社拒否をするようになってしまった。

しかし、ほどなく真相が判明した。なんと、F氏の言葉が真っ赤な嘘だったのだ。彼はE氏の成功に嫉妬し、恨み、そのあげくE氏を陥れるようと謀ったのであった……しかし、その事実がわかってからも、E氏は課長や同僚たちに対する不信を取り除くことができず、半年も出社していないというのである。

ここでE氏の苦しみの原因を考えてみたい。

E氏は大学の工学部を優秀な成績で卒業、性格は温厚かつ内向的であった。さらに、親ができのいい息子をチヤホヤして大事に育てたためか自分中心で、他人への配慮に幾分欠けるところもあった。だからE氏のことを「なんだ秀才ぶって」と不快に感じた人も少なくはなかったらしい。

以前からE氏は、課長が自分のことを可愛いと思うのなら、もっと高く評価してほしい、という甘えをずっと増長させてきた。プロジェクトに成功したときはさらにその思いが強くなったが、課長の態度は期待したほどのものではなかった。だからF氏の言葉をいとも簡単に信じ、課長に裏切られたと思い込み、ひどく失望したのである。

冷静に考えれば、そのプロジェクトも決してE氏ひとりの力で成功したわけではないし、同僚たちへの感謝を忘れていたことにも、E氏はもっと早く気づくべきであった。そういう無神経さが他の人の恨みをかっていたことなど、E氏は夢にも思わなかった。つまりE氏は、これまでの人生が極めて順調で、失敗や挫折を知らなかったために、精神的には大人になりきっていなかったのである。

E 氏を蹴落とそうとしたF 氏はたしかに最低だが、E 氏も未熟のゆえに、自分の思い上がりと上司への過度の甘えを自覚できなかったのだ。しかもこの事件のあと、E 氏はすっかり人間不信に陥り、他人の目が恐ろしくて仕事への情熱を失っている。おそらく、自分の未熟さをまだ悟れずにいるに違いない。こう見てくると、「未熟さについての無自覚」が格子を通させない、つまり、E 氏の尻尾なのだと言える。

E 氏のように、私たちは十人十色の尻尾にひっかかり、縛られている。自分の尻尾が何かを探り当てない限り、人間関係はもとより、仕事や人生の活力が減少していくだろう。

おそらくE 氏は、内向的だが根は明るい性格ではないだろうか。親の愛を幼い頃充分に受けた人は、根は明るいものだからだ。反対に親の愛情を充分に受けられなかった人は、もし内向的性格なら根も暗いように思う。同じ内向型でも、ネアカとネクラがいるのである。ネクラ内向型の人間は立ち直るには時間がかかる。人を恨む気持ちが強いからである。E 氏はネアカ内向型で、まだ若いのだから、自分の尻尾に気づいて再び立ち直るであろう。

难词注解

人づて: 传闻

そらぞらしい: 显然缺乏诚意;佯装不知

手柄を横取りする: 抢功劳

ほどなく: 不久

真っ赤な嘘: 弥天大谎

チヤホヤ: 溺爱;奉承

いとも: 最,非常,很

蹴落とす: 排挤;踢掉

参考译文

成功了却拒绝上班

下面讲一个听来的故事。E 氏在一家电脑公司上班，三十岁，单身。他工作热心，为人敦厚，所以深受科长的喜爱。

有一天，科长第一次将一个大型的项目交给 E 氏负责。此后的三个月，E 氏废寝忘食潜心工作，总算达到了目标。同事们也都为他高兴。

但是，原以为最该为自己感到高兴的科长嘴上虽然说着“干得好”，却面无表情，E 氏甚至感到他在佯装不知。E 氏只能自己说服自己：“科长一定在心里认为我很棒。因为有其他人在，所以他有所顾虑。”

过了一段时间，同事 F 氏告诉 E 氏说：“喂，好像科长对部长说‘上次的项目中自己一个人做得很辛苦’。”E 氏吃惊得全身僵硬，他想：“科长不可能说出那样的话。他那么器重我……”。但是，想到自那项目以后科长态度变得很冷淡，就再也无力去否定同事的话了。

E 氏渐渐觉得去公司是一件痛苦的事。为了不让同事们察觉自己心中的不安，他勉强自己去上班。工作中，他呆呆地望着窗外的时间变长了。科长对他的态度实在看不下去，就批评了他，于是 E 氏就更加钻牛角尖了。终于他开始怨恨：“科长嫉妒我的工作成绩，抢了我的功劳。”

E 氏是独生子，从小受到了精心培养，他无法通过将热情倾注到别的工作中去忘记怨恨等方法来迅速转换心情。他迁怒于科长，又没有勇气去弄清科长的本意。最终导致了拒绝上班。

但是，不久真相大白。原来，F 氏的话纯属一派胡言。他嫉妒 E 氏的成功，因妒生恨，从而图谋陷害……但是知道了真相之后，E 氏还是无法消除对科长和同事们的不信任感，有半年没去上班。

在此我们来探讨一下 E 氏的苦恼。

E 氏以优异的成绩毕业于大学工学部，性格温厚内向。另外，因为成绩好深受父母溺爱，所以总是以自我为中心，稍微缺乏对别人的关心。所以好像有不少人认为 E 氏“装成很有学问的样子”，看着不舒服。

E 氏从以前就一直认为科长喜欢自己，于是愈来愈希望得到更高的评价。成功完成项目时这种愿望就更为强烈，但是科长的态度却不如他所期待的那样。所以他轻易就相信了 F 氏的话，确信自己被科长出卖，深感失望。

冷静思考的话，那个项目绝非凭 E 氏一人之力才得以成功的，他早就该注意到自己忘了向同事们表示感谢。E 氏做梦都没有想到，他的这种不顾及他人的做法得罪了别人。也就是说，E 氏之前的人生极其顺利，没遇到过失败和挫折，所以在精神上还未彻底地成为大人。

想要排挤掉 E 氏的 F 氏确实很坏，但是由于 E 氏自身的不成熟，他没有认识到自身的狂妄以及过度夸大了上司对自己的器重。而且，在此事件之后，E 氏变得不再相信别人，畏惧别人的眼光，对工作失去了热情。他一定是没能觉察到自己的不成熟。这么看来，可以说“没能认识到自己的不成熟”正是让 E 氏不能通过格子窗的他的尾巴。

像 E 氏一样，我们均被各自不同的尾巴所束缚。只要我们没能找到自己的尾巴究竟是什么，那么别说是人际关系了，就连工作和生活的活力都会减少。

E 氏是内向型的人，但很可能他的本性是开朗的。这是因为从小备受父母疼爱的人本性是开朗的。相反，没能得到父母足够的爱的人如果性格内向的话那本性也很阴暗。同为内向型，也分本性开朗和本性阴暗两种。本性阴暗的内向型的人要花很长时间才能复原，这是因为他们对别人的仇恨非常强烈。E 氏属于本性开朗的内向型，而且又还年轻，所以应该会找到自己的尾巴再次振作。

18. 内向的性格を活かした藤本義一氏

信じられないことだが、作家の藤本義一氏は小学生の頃、ひどく内気だったという。記念写真や遠足の写真は、いつも級友の後ろか端で写ったほどだ。授業参観のときなど、友人の背に隠れるような姿勢をとった藤本氏を母親が見て、よほどがっかりしたのか、家に帰ってからその理由を厳しく問いつめたこともあった。

戦後の混乱した社会状況と両親が病弱であったこともあり、藤本氏も中学生になると大人として社会に対応せざるを得なくなる。内気な性格だからなどと甘えていられなくなった。甘えていたら、その日の食料も手に入らない状況だったからだ。

大学に進んでからも、内気な性格は変わらなかった。しかし、この内気な性格が、藤本氏を読書や映画鑑賞に引き込んでいった。さらには原稿用紙に字を埋める作家の世界へと導いたのである。

藤本氏によると、書くという世界は決して沈黙の世界ではない。紙の上に字を定着させる作業は、自分自身と喋りまくっているのと同じで、極めてにぎやかな饒舌な世界だという。そして書くという作業から、自分の内気な性格に素晴らしい特性があることを発見する。少し難解な文章だが紹介しよう。

内気は決して臆病ではなくて、繊細だということだし、繊細ということは、曖昧とか複雑といったものではなく、ひとつの物、あるいは一人の人に神経を集中さす能力をもっているためであるとわかってきたのだった。(中略)また、受身とばかり考えないで、受容というふうに考えるようになった。相手の言動を自分はどういうふうに受け容れたならいいかということを考えれば、それだけ自分という人間の器は大きくなっていくのではないかと考えるようになったわけである。

（『月刊 PHP』）

内気な人は自己愛が強いから、相手にどう思われているかが気になる度合いに比例して、自分のことをよく思ってほしいという欲望が強くなっていく。そして自分の思いが満たされない場合は、他人にそのぶん、攻撃的な判断をしがちになる。

相手にどう思われるか気にする人は、自分の欲のためにありのままには見れないながらも、相手の一挙手一投足を実によく観察している。とくに内向的な女性の場合、その人の服は何色か、ブランドの名前は、などと実に克明に覚えているからすごい。その集中力は、外向型の人間などは到底かなわないところがある。だから藤本氏の言うように、内気な人間が相手に集中して得たものを、良いとか悪いとかで取捨選択しないで、まずそのまま受け入れてみる。そして整理し自分の言葉にして、責任をもって相手に返す作業に方向転換できたら、内気な人の繊細な心を生かすことができるかもしれない。この内気なマイナス面をプラスにする技術を藤本氏は書くという作業でマスターしたのであろう。

难词注解

喋りまくる：口若悬河，喋喋不休

克明：认真仔细，细致，一丝不苟

参考译文

有效地利用“内向性格”的藤本义一

很难令人置信的是，据说作家藤本义一在小学的时候非常腼腆。拍纪念照和郊游的照片时，他总是站在同班同学的最后面或最边上。公开课时他多藏在朋友的后面，看到他这个样子，他妈妈可能是极其失望的缘故吧,曾经在他回家后再三盘问原因。

由于战后混乱的社会形势和父母的体弱多病,藤本上中学后就必须像个大人一样适应社会,不能再找性格内向等借口了。因为这样做的话,当天的食物都无法获得。

上大学后,藤本内向的性格还是没有变。但是,这种内向的性格促使他读书和欣赏电影,并且更进一步将他带入了写作的世界。

据藤本说,写作的世界绝不是沉默的世界。在纸上定格文字的作业就像是和自己喋喋不休一样,是极其饶舌的世界。另外通过写作,他发现了自己内向性格中的优秀的特性。下面介绍他的一段稍微有点晦涩的文章。

我明白了:内向绝对不是胆怯,而是细腻。细腻不是模棱或复杂,而是对一个事物或一个人能够集中精神。(中略)另外,我开始从接受的角度而不是一味地被动地进行思考。我想如果能去思考自己怎样去接受对方的言行就意味着自己的成长。(《月刊 PHP》)

内向的人非常自恋,所以很在意对方对自己的看法,与此对应,希望别人认同自己的欲望也就很强。而且,如果自己的欲望得不到满足时,容易对别人采取责难的态度。

在意对方想法的人为了自己的欲望,不会正视自身的情况,但对对方的一举一动却观察甚微。特别是内向型的女性,她会非常细致地记下那个人所穿衣服的颜色、牌子的名称等等,非常厉害。其集中力是外向型的人怎么也比不上的。所以,如如藤本所说的那样,内向型的人关注对方从而获得东西,不管那东西是好还是坏,首先都不加取舍地全盘接受。然后如果能够对其加以整理变为自己的语言,再负责任地回馈给对方,那么也许就能有效地利用内向的人的细腻的内心。藤本大概就是通过写作而掌握了将内向的负面作用转化为正面作用的技术的。

19. わが子から未熟さを学ぶ

私にも藤本氏と似たような体験がある。今まで縁があって、本を何冊か書き下ろせたおかげで、様々な未知の方々から励ましの手紙をいただいた。だが、ときには厳しいお叱りのお手紙をいただくこともある。

先般、私の本を読んだ方が、もう少し詳しく本の内容を勉強したいので、他の資料を教えてほしいと往復葉書を送ってきた。ところが、どうしたわけか同じ頃に手紙をいただいた他の方と勘違いして、その方の要望と違う内容のものを返信してしまった。二、三日して、その方から電話をいただいた。電話に出た母は私の無礼な手紙のことで彼にひどく怒られたという。私は自分のうかつさを恥じた。

二、三日後にまた彼から手紙が来たが、先の私の返信が同封され、さらに、今一度資料について教えてほしいという内容だった。私は申しわけなく思い、そして自分の非を詫び、思い出す限りの資料を記してすぐポストに投函した。

その後、私の留守中にまた彼から電話があり、折悪しくまた母が電話に出た。最初にだした手紙を返してくれと書いたのに忘れている、実にいい加減だ、自分をバカにするのか、これでは人格を疑う、と母に怒りをぶつけてきたという。二度も彼の意に添えず申しわけないと思いつつも、彼の一方的な態度にすっかり不快になった。たしかに、忙しさにかまけて彼の手紙を返送しなかった私の不手際をいくら非難されても仕方がないが、母をそこまで叱る資格があるだろうか。

いきなり冠省で始まる単なる依頼状であったから、それを返送してほしいという彼の気持ちが理解できなかった。それに、彼のすべての希望に応えてはいないが、資料を送ってほしいという希望には私なりに応えている。それに対しては一言の礼もない。正直言って、今度電話がかかってきたら文句を言ってやろうと考え、腹立たしい感情が湧いた。やはり私が内向的性格であるからであろう。

私の息子は、生後八ヶ月で病気で亡くなった。それ以来、朝と寝る前に仏壇の前でお経を読む。その夜も寝る前に読んだ。読み終わったあと心の中に、「イライラしているが、それでいいのか？」という思いがふと浮かんできた。どういう意味なのか、すぐには理解できなかった。

しばらくして彼に手紙を書いて、逆に忠告してやろうと考えた。だが、いざ書き始めると、いくら自分を不快にした相手でも、こちらにも非がある以上、自分の怒りにまかせて偉そうに忠告などはできない気持ちになってきた。高飛車に相手を戒めるのでは、自分の反省がまったくないことになるではないかと思うと、なかなかペンが進まない。

そのうち、先ほど息子の霊前でお経を読んだときに浮かんだ思いは、一体どういう意味なのかと気になってきた。しばらくしてそれは、「お父さん、叱られてよかったじゃないか。お父さんはまだまだ未熟じゃないか」という息子の声ではないのか、と気づかされたのである。

そう気づくと、急に肩の荷をおろしたように気持ちがすーっとしてきた。自分の失敗は失敗として心から詫びて、さらに不快な気持ちも隠さずに告白するのが一番いいと、心が決まった。そこで私は、手紙を次のように結んだ。

またひとつ、わが子に教えてもらいました。正直言って、まだまだあなたに心から「ありがとう」と言えないけれど、そういう心境になれるように精進しなくては、とわが子の霊前で誓いました。

以上、私の思うところをありのままに書かせていただきました。

「気に入らぬ風もあろうに柳かな」

私自身、この作者不詳の道歌を今後とも大切にしていきたいと思っています。

本当にお恥ずかしい話であるが、お叱りを受けて腹が立ち、高圧的に教訓をたれてやろうという気持ちで手紙を書き始めたが、書いているうちに自分の未熟さを痛感した。彼に対する攻撃的な感情を整理できて、わたしのもやもやした気持ちもようやく解消できた。私の真意が果たして相手に通じたかどうかはわからないが……

内気な人が人間関係で悩んでいるとき、文章を書くことで相手への不快な感情や攻撃的な気分に自分を見失わず、別の回路を作れるのでは、と知ることができた。

难词注解

先般：前几天；上次；前些日子

うかつ：稀里糊涂，粗心大意；愚蠢，无知

かまける：只忙于，专心于

不手際：（做得）不精巧，不漂亮，笨拙；有漏洞

冠省：敬启者

高飛車：高压，以势压人；强横

道歌：宣传佛教或旧道德的诗歌

もやもや：混乱；隔阂；疙瘩；模糊；迷糊

参考译文

通过我的孩子认识了自己的不成熟

我也有过和藤本一样的体验。以前由于机缘，写了几本书，收到了

很多不认识的人寄来的鼓励信件。但是,有时也会收到严厉批评的信。

前几天,有一位看过我的书的读者寄来往返明信片,说自己想再详细一点地了解书上的内容,希望我能告知其他资料。但是,不知怎么,我把他错认成了同一时期寄信给我的其他读者,给他的回信中写了和他的要求不符的其他内容。过了两三天,那位读者打来了电话。是我母亲接的,据说电话中他为我失礼的回信而大发雷霆。我为自己的粗心大意感到羞愧。

两三天之后,那位读者又寄来信件,信中夹着上次我的回信,又再次请求我告知资料。我深感歉意,为自己的错误道歉,写下了自己所能想到的所有资料之后将信寄出。

那之后,他又在我不在家时打来了电话,不巧又是我母亲接的,电话中他说自己信中明明要求将最早他寄的信寄回给他,但我却忘记了,实在是乱来,是不是看不起他,如果是那样的话,那要怀疑我的人格。电话中他将一腔怒气撒在了我母亲身上。虽然我为两次都不能如他的意而感到抱歉,但是他单方面的态度让我感到很不舒服。确实,忙得忘了将他的信件寄回是我的错,再怎么指责我我也无话可说,但是,他有资格那样指责我的母亲吗?

只是一封突然以敬启开头的请求信,希望我寄回给他的这种心情我无法理解。另外,虽然我没有满足他的所有请求,但是他希望我告知资料的要求我已做了自己的答复。但是,对此他却没有一句道谢的话。老实说,我变得很气愤,想着下次他要再打来电话时,要和他提提意见。这大概是因为我性格内向的缘故吧。

我儿子在出生八个月后因病夭折了。自那以后,早上和晚上睡觉前我都会在佛龛前念经。那天晚上临睡前我也念了经。念完后我心中突然冒出一个想法:"现在心中烦躁,这样下去行吗?"究竟是什么意思呢,当时无法马上理解。

过了一段时间,我想给他写封信,给他点忠告。但是,一旦开始动笔了,心情就开始发生了变化,觉得无论对方多么令自己不高兴,既然自己也有错,就无法因为自己生气而随兴对其指三道四。想到如果是盛气凌人般地去规劝对方,就意味着对自己没有半点反省,就更难动笔了。

那时候开始在意起之前在儿子灵前念经时冒出来的想法,它究竟是什么意思呢?过了一段时间,意识到那是儿子在说:"爸爸,被批评有什么不好呢?爸爸还不够成熟呢。”

一意识到这个,就像突然从肩上卸下千斤重担一样,心情变得很舒畅。我决定对自己的失误真心道歉,并将自己的不高兴毫不隐瞒地告诉对方。于是,我在信的最后写道:

我的孩子又教会了我一个道理。老实说我现在还是无法由衷地对你说“谢谢”,但是,我在孩子灵前起誓要努力达到那样的心境。

以上是我所想到的。

“愿似杨柳随风舞”

这句作者不详的道德诗歌今后我也会牢记于心。

这真是件难为情的事情。受到批评很生气,原想强硬地给对方点教训才开始给对方写信的,但是在写的过程中却深切地认识到自己的不成熟。责难对方的心情得到了整理,自己心里的疙瘩也消除了。虽然不知道我的真心是否传达给了对方……

我明白了一件事:内向的人在为人际关系烦恼时,通过写文章,可以使自己不会因为不愉快的情绪和责难对方的心情而迷失自己,能够开辟出别的路径。

20. 人を信じられない

これは批判精神が旺盛な証拠とも言えます。何事もまず疑ってみること、多くの哲学者や科学者はそうした傾向を強くもち合わせています。あなたもそういうタイプに入るわけです。そういうあなたは、人を見抜く力が平均以上にあり、たとえば、政治家の甘言にだまされるようなことは絶対にないはずです。

そもそも他人の心はよく見えませんし、本心では何を考えているのかよく分かりません。そこで、「本当にそう思っているのかい?」と疑問に思うのは当然のことですね。疑い深いということは、物事を運ぶときも慎重になり、その結果失敗することも少ないはずです。

ただし、一口に「信じる」という言葉だけで片付けるのは早計です。「信じる」には、「信頼」と「信用」という、二つの側面があると考えられます。この二つは微妙にニュアンスが違いますね。たとえば、「ある程度信頼しているけれども、100%信用しているわけではない」という言い方もあるでしょう。

もしあなたが、「人を信じるということは１００%信じていなければならないのだ」と考えているとすれば、それはちょっと窮屈ですね。

难词注解

疑う：怀疑，疑心，不敢相信，以为靠不住

もち合わせ：现有，随身带有

窮屈：不舒畅，受束缚，不自由

参考译文

无法相信别人

这被称为是批判精神旺盛的证据。无论对于何事首先都是抱着怀疑的态度，很多哲学家和科学家都具有强烈的这种倾向。你也应该成为这种类型的人。那样的你，将比平常人更具有看穿别人的能力，譬如你绝对不会发生被政治家的花言巧语所欺骗的事情。

说起来，他人之心本来就无法看清，真正的想法也不能很好地理解。那么，产生"(别人)真的是这样想的吗"这样的疑问也就是理所当然的事情了。所谓多疑，便是在处理事情的时候变得慎重，这样就能减少失败的发生。

但是，简单地用所谓"相信"这样的词是过于草率的。"相信"，包含了"信赖"与"信任"，必须从这两方面进行考虑。两者之间存在微妙的差别。譬如也有"虽有某种程度的信赖，但并非百分之百的信任"这样的说法吧。

如果你认为"所谓相信人就必须是百分之百地相信"，那么这种想法就有点狭隘了。

21. 容姿にコンプレックスをもっている

人はまず外見でもって人を判断します。これは常識であって、いたしかたのないことです。その点、外見の悪い人は損をすることになっています。これも当然の成り行きではありましょう。

ただし、これはとりあえずのことであって、人のどこに魅力を感じるか？という調査を行うと、一位はやはり「外見」ですが、それは三〇％～四〇％であって、六〇％以上は「外見」以外のことなんですね。確かに「外見」はポイントが大きいのですが、決してそれだけですべてが決まっているわけではないことを分かっておかなければなりません。

つまり、それ以外でいくらでも挽回できるわけですから、容姿にコンプレックスを持っていてもいっこうに構わないことです。むしろ、そういう人ほど、自分は「外見」では勝負できないから、他のことでがんばろうということになるのではないでしょうか。何事においても、コンプレックスは大きな武器になるんですね。

しかし、自分は容姿が悪いからそのことで損ばかりしていると考えているとしたら、それが一番危険です。そういう気持ちによって、あなたの中にあるはずの他の魅力が損なわれてしまうからです。

难词注解

成り行き：动向，趋势；发展，过程；结果

参考译文

为自己的容貌感到自卑

人们往往首先以貌取人。这是常情，是无可奈何的事情。在这点上，外表不好的人会吃亏。这也是当然的结果。

不过这只是一时的结果，根据一项调查人的魅力何在的显示，虽然排在第一位的仍是“外表”，但只占30%～40%，60%以上的是“外表”以外的东西。要知道虽然外表确实重要，但绝非全部。

也就是说容貌以外还有可以挽回的余地，为容貌而感到自卑也没关系。自己在“外表”上不能取胜，反而因此会激发自己在其他事情上加倍努力。在任何事情上，自卑都可以转化成巨大的武器。

不过认为自己由于外表不好而老是吃亏的想法是最危险的。这种想法会损坏你身上本应具备的其他魅力。

22．“心の回路”を増やす手紙の書き方

かつて「公共心」というテーマで海外視察（ＳＢＳ静岡放送・静岡新聞社主催）のため世界一周をしたが、その際、ドイツに一週間滞在した。フランクフルトに行くのにドイツのアウトバーン（高速道路）を走っていたら、事故があって渋滞していた。すると運転手さんはすぐにバイパス——つまり、もう一本のアウトバーンでフランクフルトに向かったのである。あとで、高速道路が発達しているドイツでは、ひとつの町に何本もアウトバーンが通じていて、万一事故が起きても別のアウトバーンを通ればいいようになっていると聞いて驚かされた。日本の場合なら、東京を除いてほとんどの町が高速道路が一本しか通っていないから、事故が起こると何十キロも渋滞してしまうだろう。

私たちも、自分の判断や感情が一ヶ所に滞ったら、他人への攻撃的な感情をコントロールできなくなる。そのとき、内向型の特性を使って、いくつかの回路を心に作る工夫をしないといけないのではないだろうか。すると自分の非がよくわかるし、相手との相互理解も少しずつ生まれるのではと思う。藤本氏も、文章を書くことで内向型人間のもうひとつの心の回路を創作しているのであろう。

内向型の人は、自分の特性を活かすことで新しい回路を発見し、心をそのぶん広くできる。その結果、もっと柔軟な人間関係を作り上げられるのではないだろうか。今、もしあなたが人間関係で悩んでいたら、悩まされている相手に手紙を書くのはどうであろう。実際には出さなくてもいい。ただし、嘘のない、素直な自分の心境をすべて綴ることだ。

难词注解

工夫(くふう)をする：下功夫，动脑筋

参考译文

增加“心灵线路”的写信方式

曾经因为以“公共心”为题到海外考察（SBS 静冈电视台、静冈报社主办）而环游世界。那时，在德国住了一个礼拜。有一次走德国的高速公路去法兰克福，途中高速公路因为事故而堵车。司机马上换了一条高速公路前往法兰克福。后来我听说在高速公路发达的德国，每个城镇都通好几条高速公路，万一发生事故，可以走另一条高速公路，我对此惊叹不已。在日本，除了东京以外，大部分城市都只通一条高速公路，所以如果发生事故的话，就会有几十公里的堵车。

如果我们将自己的判断和情感只集中在一个地方，那么就会无法控制对他人的攻击性情绪。这时，我们必须利用内向型的特性，想办法在心中制造几条线路。这样我们才能认识到自己的过错，渐渐增进和对方的相互理解。藤本也是通过写作，创造出了内向型人的另一条心的线路。

内向型的人通过有效地利用自己的特性发现新的线路，心胸也随之变得宽阔。这样一来，就能制造出更为灵活的人际关系。如果你现在正在为人际关系发愁的话，请给令你发愁的对方写封信吧。这封信可以不用寄出，但是一定要将自己心里的感受全部坦白写出。

23. 人を騙すのが利口な生き方か

良寛は宝暦八年(一七五八年)、越後の国(新潟県)の出雲崎に生まれた。出雲崎は佐渡の金を運び込む港として栄えた天領(幕府の直轄領)の町である。良寛の生家の家号は橘屋といい、父はこの町の名主だが、俳諧を好む文人で名主には不向きな人。良寛が長男として生まれ、成長するにつれてしだいに家運も傾いていった。一方母は芯の強い女性で、そんな境遇にもかかわらず明るく生きた。さらに、良寛を深く愛したという。良寛の母への思慕も、大変深いものがあった。

幼い頃から良寛は読書好きのせいか、部屋に閉じ籠もっていることが多かった。ある朝、良寛は、朝寝坊をして父に叱られた。そのときに上目使いで父を見上げたので、「親を上目使いでみる奴は、カレイになるぞ」とたしなめられた。

その後すぐに良寛の行方がわからなくなり、大騒ぎになった。心配した母親がもしやと思い、海に行ってみると、岩礁の上にじっと立っている良寛がいる。何をしているのかと母親が聞くと、「母さん、カレイになっていないか」と答えたという。父親の叱責を真に受けて本気になって悩むほど、本当に内向的な少年であったのだ。この良寛の性分は一生変わらなかった。

その後良寛は、成長して名主見習いになるが、人と是非を争うのが大嫌いなためか、その職務を手際よく片づける能力には欠けていた。昼行燈とも言われたのだから、よほど能力がなかったのであろう。かつて代官所と町方衆との間で争いが起きたことがあったという。すると調停役に当たった良寛は、代官の悪口雑言をすべて町方に伝え、また町方の不平不満も洩らさず代官に話したら、いよいよ両者の折り合いがつかなくなった。あとで代官から要領が悪いと怒られると、「人を騙したり、うまく立ち回ったりするのが利口だと重んじられるほうがまちがいだ」と反論したという。

良寛の出家の理由ははっきりしないが、この事件が引き金になったと思われる。言葉ひとつが人間関係をいかに悪くさせるか、とりわけ正直に話すことが逆に悪い結果を生むことになるという事実は、一途な良寛にとって耐えられないことではなかったか。良寛はのちに、言葉についての戒めを書いて反省しているが、この辛い体験が良寛にとってよほど忘れることのできない事件であったことを物語っている。

难词注解

上目使い：眼珠朝上看

カレイ：鲽

窘める：教训，责备，告诫

昼行灯：笨蛋，愚蠢的家伙；不顶用的人

要領が悪い：（遇事）抓不到点子上；做事笨拙；不会找窍门

参考译文

骗人是聪明的生活方式吗

宝历八年（1758年），良宽出生在越后之国（新泻县）的出云崎。出云崎是将军领地（幕府直辖领地），是运进佐渡黄金的港口，很繁荣。良宽出生的家的屋号叫橘屋，他父亲是该城镇的里长，非常喜欢俳句，是个不适合当里长的人。良宽是长子，随着他的长大，家运逐渐衰落。另一方面，良宽的母亲是位内心非常坚强的女性，尽管当时遭遇那样的处境，她还是活得很开朗，而且非常疼爱良宽。良宽对母亲也怀有很深的思慕之情。

幼年起，良宽就非常喜欢读书，经常躲在房间里。有一天，良宽因为睡懒觉被父亲责骂。他翻着眼珠朝上看了父亲，父亲便教训他说："翻着眼珠看父母的家伙，会变成比目鱼的。"

之后良宽就不见了，于是全家闹得天翻地覆。母亲非常担心，心想他或许会到海边去，到那一看，良宽正一动不动地站在岩礁上。母亲问他在干什么，他回答说："母亲，我有没有变成比目鱼?"良宽将父亲的叱责当真了，并为此苦恼，真是一个内向的少年。良宽的这种性格一辈子都没有改变。

后来良宽长大了，成为里长见习生，但是他讨厌和人争是非，所以欠缺妥善处理事物的能力。他被人称为蠢材，可见他毫无能力。曾经地方政府和当地民众有了纷争，良宽负责调解，他将地方官说的坏话全部告诉了当地民众，又将当地民众的牢骚毫无遗漏地转告地方官，于是双方最终无法和解。后来地方官指责良宽办事不力，良宽反驳说："认为骗人、钻营很聪明的想法才是错误的"。

良宽出家的理由不明，但我想这个事件是其诱因。一句话就能使人际关系变得非常糟糕，实话实说反而产生了坏结果，这个事实是死心眼的良宽所无法忍耐的。良宽后来写了关于言辞方面的警言进行反省，可见这次辛酸的体验是他无法忘怀的。

24. ネクラだと言われる

ネクラというのは、おおいにけっこうなことです。近年の趨勢は明るさだけを求めるところがありますが、明るいだけの人間は単純でものの考え方が一面的な人、つまり馬鹿なだけのことで、人間としての深みも何もありません。

それにネクラ(根が暗い)というからには、表側は決してそうでもなく、一見は明るく元気に振る舞ったりしているのでしょう。それは当然のことで、水面では一見優雅にしている白鳥が水面下では大きな足をバタつかせているのと一緒で、誰でも人前では見せないような自分を抱えているものです。

つまり、人前で明るく振舞うほど、舞台裏では暗くふさぎ込んだり、つまらないことにウジウジしたりするものです。楽屋では笑顔一つ見せないお笑い芸人や、仕事以外では全然人の話を聞きたがらないカウンセラーなどがいい例です。そのように、表と裏、明と暗があることは社会で生きる人の自然の姿なのです。

また、いつも哲学や人生を考えつつ、暗い感じを漂わせていないと軽く見られたり、作家は病気がちでやせこけていないと本物ではないというような時代もありました。またそういう時代がきますから、安心してネクラでいてください。

难词注解

白鳥：天鹅

ウジウジ：犹豫不决，踌躇不定，磨磨蹭蹭拿不定主意

楽屋：后台；内幕，内情，底细

痩せこける：枯瘦，干瘦，骨瘦嶙峋

参考译文

本性阴郁

忧郁是一件很好的事情。近几年的趋势是只追求开朗的个性，不过，一味开朗的人性格单纯，想法也会流于片面，也就是说有些糊涂、缺乏深度。

而且既然说本性忧郁，其表面看起来决非如此，乍一看一定是言行爽朗、精神抖擞吧。那是当然的，就如同水面上看起来无比优雅的天鹅，在水下却不停地划动双足，谁都有不想为人知而隐藏起来的一面。

总之，在人前越开朗，幕后却越是暗自郁闷，对于一些细枝末节犹豫不决。就像在后台没有一丝笑容的喜剧演员，工作之余完全不听别人倾诉的职业咨询人员等都是很好的例子。像这样表里、明暗兼备是生活在这个社会上的每个人的自然姿态。

曾经有过这样一个时代。你如果不是带着忧郁去思考哲学、人生，你就会被轻视，作家如果不是体弱多病、骨瘦如柴就被断定不是真正的作家。这样的时代还会再来，所以请尽管继续忧郁吧。

25. すぐ現実逃避する

たぶん物事を合理的に考えたり、計算するようなことを好まないのでしょう。

自分が枠にはめられてしまうことを恐れているのかもしれません。実際、現実というのはすごく味気ないものであることが多く、その中に埋没していると息苦くなるのは誰でも一緒です。

そういう現実から逃げようとしたり、あるいは決まりきった日々の生活に新しい風を吹き込むことは生身の人間にとって必要なことです。つまり、現実から逃避することもときには必要なのです。

特にあなたのような人は、恐らくすごくお人好きだったりするので、ついつい他の人よりも気苦労が多くなってしまうのかもしれません。そうして心が疲れたときは、自分の好きなことをしましょう。映画を観るとか、詩を書くとか、旅に出るとか、空想の世界に入るとかが一番いいのです。

逃げることがいけないことだと考えているとすれば、それが間違いでしょう。人は嫌いなことからは逃げたくなるのが当たり前だ。そして、それは自分を取り戻すために必要なことなのです。

难词注解

枠にはめる：墨守成规

味気ない：乏味无趣的；无价值的；无情

息苦しい：呼吸困难的，喘不上气的；苦闷的，郁闷的，沉闷的，不舒畅的

決まりきった：当然的，理所当然的；日常的，没有新意的，老一套的

人好き：受人欢迎，招人喜欢

気苦労：担心，操心，劳神

参考译文

喜欢逃避现实

你大概不喜欢合理地思考或计划各种各样的事吧。

或许你害怕自己陷入墨守成规之中。实际上,所谓的现实,存在着很多乏味无趣的事情,如果被埋没于其中无论谁都会感到郁闷。

对于一个活生生的人而言,逃离那样的现实或者为一成不变的生活带来新的气息,是很有必要的事。也就是说逃离现实有时是必要的。

特别是对于你这样的人,大概由于特别招人喜欢,说不定劳心费神的事也比别人更多。因此,当你内心疲倦的时候,就做些自己喜欢的事吧。看电影、写诗、旅游,或者进入空想的世界等都是很好的(选择)。

如果认为逃避是不可以的,那就错了。人们想要逃避讨厌的事情是理所当然的。而且那是找回自我所必须的。

26. 完全主義である

理想が高く、それを追求していこうとするあらわれが完全主義と言えます。

それは自分なりの価値観や良心に従うことでもありますから、たいへんに立派な姿勢と言えるでしょう。

こういう人は責任感が強いし、自分のやるべきことは最後まできちんとやり遂げようとします。それは人からの信頼を受ける上で最も大切なことと言えるでしょう。

完全主義者の人は完全を目指し、不完全であることが許せません。しかし、それはあくまで自分自身に向けられることが望ましいでしょう。このような姿勢やあり方が他人に向けられると、それは逆に完全主義の理想に反するものになってしまうので、その点にだけは注意しなければなりません。完全主義者であるからこそ、他の人はどうあれ、自分は自分のルールに従うということ、自分だけはスジを通すということを徹底するのが肝要です。

完全主義であることが疲れることだと思ってしまったり、マイナスなことだと考えるようになってはいけません。もっと完全であることを目指し、徹底していけば、また新たな視界が開けるでしょう。

难词注解

望ましい：所希望的，符合愿望的

ルール：规则，规定，章程

参考译文

完美主义

理想远大，并为此而不懈追求的表现便可以称之为完美主义。

因为那是遵从于自己的价值观和良心，可以说是非常出色的做人姿态。

这样的人责任感强，对自己应该做的事情会一直坚持，直至最后完成。那可以说是受人信赖的最重要的因素。

完美主义者以完美为目标，不允许不完美的事情。可是，无论如何那只是针对自身才好吧。如果以这样的姿态要求别人，那将会与完美主义的理想背道而驰，这一点应必须注意。正因为是完美主义者，不管他人怎样，自己遵循自己的原则，始终贯彻自己认为合乎道理的事情是最重要的。

不可以认为（坚持）完美主义是很累的，是负面的事情。如果追求更完美、更彻底，将会有新的视野为你而打开吧。

27. 保守的である

人間というのは、基本的には保守的なものです。あなただけではなく、皆が皆、保守的と言えるでしょう。今の状態でまあよしとするなら、わざわざそれを変革したりはしませんよね。

あるいは今の状態には決して満足していないし、不満足だけれども、それを根本的に変えようとはしないですね。「もうこんな会社辞めてやろう」とか「あんな亭主とは別れたい」とは言いつつも、翌日には何もなかったかのように仕事に出かけたり、家庭を営んでいく人がほとんどです。それは欺瞞でも矛盾でもなく、ほとんど習慣的にそういうものであるとしか言いようがありません。

なぜなら、今ある状態を変えるというのはとてもエネルギーが必要だし、リスクも大きいからです。変えるためにがんばっても、そのコストやリスクに見合うだけのよいことが待っているのかどうかもよく分かりません。

人は、よく分からない保証のない将来よりも、あまり満足できないし不満だけれど、よく知っている現在を選ぶ、そういうものなのです。そちらのほうがより確かで安心できるからなんですね。

难词注解

営む：经营

参考译文

保　守

人一般都是保守的。并不单单是你，所有的人都可以说是保守的。

如果现在的状态还过得去的话，就不会刻意去改变。

或者虽然对目前的状态并不满意，但也没打算从根本上去改变。大部分人都是一边说着“再也不要在这样的公司干了”或是“我想和老公离婚”，可第二天又好像什么也没发生一样照样去上班，或是继续照顾好家庭。这既非欺诈也非矛盾，只能说是习惯。

这是因为要改变目前的状态需要花费很大的力气，而且要承担很大的风险。即使努力去改变，也未必能得到与付出的代价和承担的风险相符的好结果。

比起未知且无保证的未来，人们往往会选择虽不满意却可认知的现在。因为后者更真实更让人放心。

28. 執着心が強い

これは、どんなことがあっても絶対にあきらめないという、あなたの粘り強さ、不屈の精神をあらわしています。

たとえばサッカーやバスケット、バレーボールでよく言われるのがこれです。

「最後までボールを追え」「ボールに執着しろ」

そうして最後まであきらめない選手のプレイは人々に感銘を与えるものです。サッカーの“ゴン”こと中山選手が代表的ですね。

人生は、いろいろなことを「勝負」することだとすれば、あなたの執着心の強さはものすごい強みとなるでしょう。淡泊な人は決して勝負事には勝てません。最終的にはあなたのような人が成功を収めるはずです。

しかも、いくら「執着心が強い」といっても、すべてのことにではないでしょう。あることには執着するが、あることには驚くほど淡泊だというのがあるはずです。ですから、あなたが執着するもの、対象を分析すれば、果たして自分が何を大事に思っているのか、何に価値を感じるのかも分かってくるでしょう。執着心というのは、自分のことをよく考えるきっかけにもなるのです。

难词注解

中山：中山雅史，日本足球联赛选手协会名誉会长。爱称为“中山魂”。

参考译文

过于执着

这说明你不管发生了什么事都绝不放弃，具有一种顽强不屈的精神。

比如在足球、篮球或排球中经常会说到这点："不到最后绝不可放弃这一球""紧紧跟牢球"。

像这样坚持到最后的选手，其表现往往令人深受感动。被称为"足球之魂"的中山选手就是其中的代表。

如果说人生中在很多事情上要分出"胜负"的话，你强烈的执着之念会成为制胜的关键。淡泊的人绝对不会取胜的。最终获得成功的肯定是你这样的人。

不管如何"执着"，也并非是对所有的事情。一定只是对某些事执着，而对其他事则可能惊人地淡泊。所以只要分析一下你所执着的对象，就会明白什么是自己认为重要的事情，或是感到有价值的事情。因此执着心也可以成为剖析自我的契机。

29. 怖がりである

怖がりな人は、すぐに人とくっつこうとします。直接体を寄せはしなくても、誰かに相談したり、連絡したりすることが多いでしょう。

その結果として、人とのコミュニケーションが増え、それがあなたの社会性を育てることになっているはずです。怖がりであるからこそ、友人や知り合いが多くなっているかもしれませんし、人への甘え方や依存のしかたが上手になっているでしょう。

あるいは、逆に人のことに親身になれるということもあります。もし物事にまったく動じないような人であれば、「あまり共感的でない人」というふうに見られてしまいますが、それはあなたの場合にはまったく心配いりません。それどころか、ちょっとしたことにも豊かな反応を示しますから、人からは大いに喜ばれます。

人間は社会的動物とよく言われますが、それも、もともと群れることで社会を作って生きていかなければならない生き物だからです。何かを怖がるというのは、自分を守る本能からくるものですが、同時にこの原点に返ることでもあるかもしれません。

時代によって薄らいではいますが、あなたは集団の中で、皆で力をあわせて生きていきたいと考える人なのでしょう。

难词注解

親身：亲密，亲如骨肉

参考译文

胆　小

胆小的人喜欢靠紧别人。即使不是身体的紧密接触，也多会同人商量、沟通等。

其结果就是与人的交流增多，从而培养了你的社会性。也许正因为胆小，朋友和熟人才多起来，也变得更会拜托和依赖别人。

或者反过来你也会待人亲如一家。对万事都无动于衷的人会被认为是“没有共鸣的人”，但在你身上则丝毫不需要担心。不仅如此，由于你对任何细微的事情都会有丰富的反应，所以深受大家喜爱。

人类是社会性的动物，因为原本就必须依靠群居才创造了社会并得以生息繁衍。害怕是出于保护自己的本能，同时也是对原点的回归。

社会性随着时代发展变得越来越薄弱，但你仍是个希望在集体中和大家一起齐心协力，共同生活的人。

第三章
煩悩から解放する

30. すぐに絶望してしまう

これは、自分にはできないことをやろうとしているからに過ぎません。

自分の力ではどうにもならないことに対したとき、人は絶望するようにできているのです。つまり、絶望するというのは、自分はいま、とてもできそうにないことをしようとしているということを教えてくれる現象なのです。

ですから、そのことに気づき、そこそこ自分のできそうなことに着手すれば大丈夫でしょう。やれることをやっている限りならば、人は絶望はしません。落ち着いて自分を振り返り、「これは無理だ」と思ったらさっさとあきらめることも肝腎です。テストの問題を解くときでも、できない問題は放っておいて、できる問題から片付けますよね。それはずるいやり方でも何でもありません。

それから、ひょっとしたらですが、「努力すれば不可能なことはない」とか、「為せば成る、為さねば成らぬ、何事も」とかの言葉にそのままのっていることはありませんか?そうだとすればたいへんです。これは片面的な教訓なのであって、つまり半分は嘘なのです。現実は、いくらやってもできないことのほうがはるかに多いんですから。

これからは、いつもできるだけ余力を残すくらいで物事に臨むのがいいでしょう。

难词注解

余力を残す：留有余力

参考译文

很容易绝望

这只不过是因为想要做自己无法做到的事情。

面对自己无论如何也无能为力的事情，人们往往会感到绝望。也就是说，绝望是一种现象，它告诉我们现在正在做着自己力所不能及的事情。

所以及时发现这点，着手改做自己力所能及的事情就可以了。只要是在做自己能做的事，人就不会绝望。冷静下来重新审视自己，一旦认为“这个做不到”就赶紧放弃，这点是很重要的。做考试题的时候，也是把不会的问题放在一边，先去解决会做的题目。这可不是什么滑头的做法。

此外，像“努力的话就没有不可能”、“万事为则成，不为则不成”这种说法你会不会就直接相信呢？如果是的话那就糟了。这是片面的教训，也就是说有一半是骗人的。因为现实生活中确实有很多再努力也做不到的事情。

今后做事时最好尽量多保存些后劲。

31. 後輩との関係に苦悩するサラリーマン

ささいなことにこだわってクヨクヨしたり、避けられないことやどうにもならないことに頭を悩ますことが誰にでもある。言っても仕方がないと思いながら愚痴らずにおれないときや、悪い結果ばかり予想してしまい気力を失うときもあるものだ。

あれこれ思いをめぐらしても、決して解決になどならないのはわかっているのだが、悩むことをストップできないのが私たちなのである。

四十五歳ぐらいで、痩せて顔が青白いサラリーマンのGさんがつい最近坐禅に来た。「何かあるな」と予感がした。彼の告白が印象深かった。

「以前は他の部署にいた大学の後輩が、この前、自分の部署に配属されてきた。自分と後輩はもともと水と油の性質で、会議ではいつも自分の意見に反することばかり言われる。先輩の自分を少しは立ててくれてもいいのに……と思う。それに後輩は上司に実に要領よく接している。自分はとてもあんなにうまく振る舞えない。後輩が来てからは毎日イライラしっぱなしで、とくに会議で後輩に議論で負けたときには、家に帰っても、ああ言えばよかった、こういう資料を提供したら上司が賛同したのにと後悔ばかりして、朝まで一睡もできないことがよくある。ストレスがしだいにたまり、会社に行くのも億劫になっている。また、食欲がなくて体重も減少し、身体の調子も悪い。重い病気にかかったらと心配してばかりいる……」

と、肩を落とすGさんだった。

私が、「あなたは家に帰ると、会議中に気づかなかったことが浮かんでくると言いましたね。なぜなのか考えたことがありますか？」と聞いた。あとはGさんとの問答である。

「いいえ。」

「あなたにお釈迦さまの話をひとつしましょう。あるときお釈迦さまを、サンガーラブという名のひとりの婆羅門(修行僧)が訪ねてきました。

『時によると、なにか混迷して、日ごろ学んできたものも、どうしても、念頭にうかんでこないということがある。これは、いったい、どうしたことだろうか。』

(『仏教百話』増谷文雄著/筑摩書房刊)

するとお釈迦さまは、器に入れた水の喩えでわかりやすく説かれたのです。

『もしその水が赤とか青とかに濁っているとしたら、それに顔を写してもありのままに見ることはできない。同じように、貪りで心が澄みきっていなかったら、何事もありのままに写らない。またもし水が火にかけられて沸騰していたら、やはりありのままに顔は写してみることはできない。それと同じで、瞋恚にかきたてられていたら、何事もありのままに見られない。さらにまた、水の上に苔や草が浮いておおわれていたら、ありのままに顔を写してみることは不可能だ。それとも同じことで、心が愚かさや疑いに覆われていては、物事をありのままに見ることはできない。』

(同書からの著者の要訳)

このように答えられたといいます。この話をどう思いますか？」

「二つ目の沸騰した水の喩え話は、自分のことと関係があるようですね。」

「その通りですよ。会議中に、あなたはこんな奴には議論で勝たなければとカッカとしているから、心や頭が固くなり視野が狭くなっている。家に帰って時間も経つと、相手が眼の前にいないから少しは冷静になり、心と頭がやわらかくなる。その結果、物事も客観的に見られるからいろいろと気づくのですよ。」

「それではどうしたらいいのですか?」

「うーん、後輩に負けてもいいじゃないですか?」

「えっ、あいつに負けろというのですか?そんなこととても許せないですよ。和尚さんは他人事だからそんなこと言うんですよ。」

「まあ、負けるのは無理かもしれない。私も偉そうに言っているが、おそらく私もあなたの立場だったらできないだろう。しかし『徒然草』にも、"勝たんと打つべからず、負けじと打つべきなり"(第百十段)とあるように、徹底的に相手をぎゃフンと言わせないと気がすまないと思いつめるより、少なくとも最悪の状況にならないように心配りをしたら、心にもゆとりが生まれるのではないだろうか?」

「そういうもんですかね。」

Gさんはまだまだ納得できない様子であった。そこでさらに、私は彼に問い続けた。

「もうひとつ気になることがあるんだよ。それはね、あなたが後輩に依頼心をもっているのではないか、ということです。」

「私が彼に甘えているというのですか?まさか……私はあの男が嫌いなんですよ。嫌いな奴に甘える人がいますか?」

「そうだろうね。私から見るとあなたは、彼は後輩だからもっと自分を立ててくれてもいいじゃないか、と思っているじゃないですか?」

「そりゃあ、当然じゃないですか?」

「うーむ、ともかく当然ということにしましょう。しかしあなたが後輩にそう望んでいるのなら、後輩だって、先輩のあなたがもっと面倒を見てくれてもいいじゃないか、と考えるのも認めますね。」

「うーん、そう言われればそうですね。しかし私のほうが歳上だから、彼のほうがまず、そうすべきじゃないのかなあ。」

「お釈迦さまの教えに、"先施"というのがありますよ。いいことはどんどん先に施せということです。向こうがやったらやろうかというのではダメだ、それでは相手と同じレベルになってしまうというのです。あなたのほうが歳上ということは、少なくとも後輩より人間として練られていなくては恥ずかしいのでは？おっと、これは言い過ぎましたね。」

「そう言われると返す言葉がないですよ。理屈ではわかるのですかね。」

Gさんの顔は最後まですっきりしなかった。頭では納得しても、感情のしこりはそう容易に失くならないものだ。この問答のあともGさんは、

「あいつは要領がよくて上司にもうまく取り入っている。あんなこと自分にはできない。」

と愚痴をこぼした。口には出さなかったが、彼が後輩にこれほどこだわるのは、後輩のほうが先に昇進したらという不安と、彼に比べて自分の能力が劣っていると他の社員から見られているのではという心配があるからだろう。

たしかに、後輩のほうがGさんよりも気配りをしていたら、Gさんもこんなに苦しまなかったかもしれない。しかし現実はそうはいかなかった。現実を受け入れられない気持ちは同情できても、それでGさんの対応を仕方なしと認めることはできない。たとえ認めたとしても、Gさんはその苦悩から脱出できないのである。

难词注解

愚痴：抱怨，发牢骚
億劫：慵懒，感觉麻烦，不起劲

肩を落とす：沮丧，气馁，灰心

しこり：疙瘩，隔阂，芥蒂

参考译文

因为与后辈的关系而苦恼的职员

我们谁都会因为拘泥于一些琐事而忧心忡忡，或为一些无法避免的和毫无办法的事而烦恼。有时候明明知道说了也没用但还是忍不住要抱怨，有时候老是预想着坏结果而丧失勇气。

虽然知道想东想西也绝对解决不了问题，但还是停止不了烦恼，这就是我们。

最近有一位四十五岁左右、消瘦、脸色苍白的职员 G 来坐禅。我预感“他肯定有点什么事”。他的告白使我印象深刻。

“以前在其他部门的大学后辈最近分配到了我的部门。后辈和我历来就水火不相容，在会议上老是反对我的意见。我觉得他应该稍微尊重一下我这个前辈的……另外后辈很会处理和上司的关系，而我却很难做得像他那样好。自从后辈来了以后，我每天都坐立不安，特别是在会议上争论时输给后辈的时候，即使回到家，也老是会后悔：当时应该这样讲，如果提供这样的资料的话一定能获得上司的赞同。为此经常会整夜难眠。精神变得越来越紧张，开始懒得去公司了。另外，食欲不振，体重下降，身体也不好。老是担心要是得了重病该怎么办……”

G 非常沮丧。

我问他：“你说自己在会议上没有注意到的事情一回到家就会想起来。你考虑过这是为什么吗？”下面是我和 G 的问答。

“没有。”

“那我给你讲一个释迦牟尼的故事吧。有一天，一个叫做桑格拉布的婆罗门（修行僧）来拜访释迦牟尼。

‘我有时候会很混乱，平常学的东西怎么也想不起来。这究竟是怎么一回事呢？’

（《佛教百话》增谷文雄著/筑摩书房刊）

于是释迦牟尼用装在容器里的水做比喻进行了浅显易懂的说明。

‘如果那水浑浊成红色或蓝色等颜色，那么照脸时就无法反映真实。同样，如果因为贪婪内心无法豁达，那么任何事也都不能真实地显现。另外，如果水在火上沸腾，也还是无法真实地映照面容。与此相同，如果怒火中烧，也就无法真实地看待任何事情。再有，如果水上漂浮并覆盖着青苔和草，那么也不可能真实地映照面容。同样，如果心中充满了愚蠢和猜疑，也就不能真实地看待事物。’

（著者翻译自同书）

释迦牟尼对桑格拉布做了以上的回答。对这个故事你怎么认为？”

“第二个关于沸腾的水的比喻好像和我的事情有关系。”

“确实如此。在会议上，你因为想着怎么也得在争论上胜过那家伙而情绪激动，所以头脑变得僵硬，视野变窄。回到家一段时间后，因为对方不在眼前，所以稍微变得冷静，头脑也就变得灵活了。于是能够客观看待事物，注意到很多东西。”

“那么我该怎么做呢？”

“嗯，输给后辈不也很好吗？”

“你叫我输给那家伙吗？怎么可能？你因为是局外人所以才说那样的话。”

“输给他可能很难做到。我虽然嘴上说得轻松，但如果我和你处在同一立场的话，恐怕我也做不到。但是，《徒然草》（第百十段）中写道，‘不该为胜利而战，而该为不败而战’，我们与其钻牛角尖硬要对方张口结舌无言以对，还不如操心不要让事情发展到最坏的情况，这样我们心中才会留有余地。”

“是这样的吗？”

G还是不能信服的样子。于是我继续问他。

“我还注意到一点。你是不是对后辈有依赖心？”

“你说我依赖他吗？怎么可能……我最讨厌他了。有人会依赖自己讨厌的人吗？”

“可能吧。在我看来，你一定会想他既然是自己的后辈就该尊重自己。”

“那不是理所当然的吗？”

“嗯，那我们就姑且当那是理所当然的吧。但是，既然你那样要求后辈，那么后辈要求你这个做前辈的多关照关照自己，你也可以认同吧。”

“这么说来也是。但是，我年纪比他大，所以他应该先那样做。”

“释迦牟尼的教诲中有一条叫‘先施’，也就是说好事应该自己先不断地去施行。等对方做了我再去做，这样是不行的。那样做就变得和对方一样的水准了。你比后辈年长，如果你不比他更有修养的话，岂不是很难为情？噢，这说得有点过分了。”

“你这么说，我也就没什么话好说了。道理上我也是明白的。”

G 的表情到最后也无法释然。虽然心中认同，但感情的隔阂不是那么容易消除的。这番问答之后 G 还是发牢骚说：“那家伙很会向上司献殷勤。那种事情自己是做不出来的。”他虽然没有说出口，但他之所以这么在意后辈，可能是因为他担心后辈比自己先升职，害怕在其他的职员眼中自己的能力不如后辈。

确实，如果后辈比 G 更加为对方考虑的话，G 可能也就不会这么痛苦了。但是，现实往往无法如愿。虽然对 G 无法接受现实的心情表示同情，但是我还是无法认同 G 的应对是不得已的。因为即使认同，G 还是无法从苦恼中解脱出来。

32. クヨクヨ病をひと休みしてみたら

俳優の渡辺文雄氏は、東大の経済学部で社会学を専攻した。しかし大好きな演劇と学問の両立ができず、本当に悩んだ。

「何よりもまず、演劇部での生活を優先させていたわけであるが、やはり常に意識の底には勉強との両立、その他諸々の問題…恋人、家族との確執等々の葛藤があった。

そして、三ヶ月もの公演活動に参加しなければならないというようなときは、当然、何もかも両立させることは不可能になった。悩みは頂点に達していた。悩むだけ悩んでもうこれ以上どうにもならないというとき、私はすべてに目をつぶってしまった。思いきって考えることをやめたのである。出発を目前にひかえて悩んでなどいられないのであった。

ともかくすべてに目をつぶって、ただひたすら三ヶ月間の公演に没頭していった。

不思議なことにその間に、以前あれほど悩んでいたことが、うそのように消えて、すっかり気持ちの整理がついていたということがよくあった。もちろん、そのかわり次の悩みがすでに頭をもたげはじめているのであるが…」

(『一流人——私の好きな言葉』佐藤秀郎編/講談社刊)

渡辺氏は若き日の体験から禅の「息慮凝心」(おもいはかるをやすみて心をこらす)が人生をささえる言葉になったという。あれやこれや思いめぐらしても、決して満足のいく回答を得ることは難しい。逆に不満が果てしなく心の中に広がっていく。そんなとき思いをめぐらすことを休み、まず目前のやるべきことに全力をつくすことだという教えである。

クヨクヨと悩むのが悪いとは、始めから否定してはいない。そういう思いが八風の吹くかのように湧くのが人間で、これは避けられない。竹の中味は空っぽだが、人間は心をまったく空にはできない。つまり、人間は竹のようには、風が去るともとの静寂を取り戻すことはできない。しかし、「息慮凝心」のように少しの間でもいいから、ちょっと休むことはできないだろうかと渡辺氏は言う。さらに渡辺氏はこうも評している。

「悩むことを『やめて』といわずに『やすみて』というところに、やさしい思いがこもっていて、本当にあたたかい、いいことばだと思う。」(同書)

私たちも、様々な思いで心がいっぱいにならないよう、クヨクヨするのをひと休みしてみようではないか。それにしても、渡辺氏が八風の処し方を大学生の若さで身につけられたことにはとても感心する。

たしかに、悩むのを一時休止して、当面やらなければならないことをやるしかない。だが、そう簡単には気持ちの切り換えができない人がほとんどではないか。クヨクヨ病に本当に感染しているのだ。これこそ、クヨクヨ病のクヨクヨ病たる所以なのかもしれない。

难词注解

確執：固执己见;不和,争执

もたげる：冒头

参考译文

让烦恼病休息片刻

演员渡边文雄在东京大学经济学部专攻社会学。但是,他不能很好地处理喜欢的戏剧和学习间的关系。渡边为此深感苦恼。

“虽然我总是优先考虑剧组的生活，但是在意识深处还是经常会有些斗争，比如和学习的两全、其他种种问题……和恋人、家人的争执等。

有时候必须参加三个月的公演，这时候当然不可能什么都做到两全。于是苦恼到了极点。当再烦恼也无济于事的时候，我就会对一切都闭上眼睛，干脆放弃思考。出发在即，无暇再去烦恼。

总之无视一切，只埋头于三个月的公演。

不可思议的是，在那期间，以前那么烦恼的事会经常消逝不见，心情得到彻底地整理。当然，与此同时，下一个烦恼又开始出现了……”

（《一流人——我喜欢的词》佐藤秀郎编/讲谈社刊）

据说渡边由于年轻时的经历而将禅的“息虑凝心”当作了支撑人生的话语。这句话语教育我们：即使思前想后考虑再三，也很难等到满意的答案。相反，心中会带来无尽的不满。这时候，应该暂时放弃重重思虑，全力以赴地做好眼前该做的事情。

渡边一开始就没有认为烦恼是件坏事。烦恼就像八风吹来一样不断涌现，这是人类无法避免的。竹子里面是空的，但是人不能做到内心全空。也就是说，人不能像竹子那样，风吹过后就恢复寂静。但是，可否像“息虑凝心”表述的那样做到片刻的休息呢?渡边进一步指出：

“不说‘停止’烦恼，而是说让烦恼‘暂时休息’，这一点包含着体贴，令人感到温暖，真是句良言。”（同书）

为避免各种思虑充斥内心，我们也让自己的烦恼休息片刻吧。渡边在上大学时就已经掌握了应对八风的方法，这很令人佩服。

确实，我们只能暂时停止烦恼，去做现在必须要做的事情。但是，大部分人都不容易做到情绪转换。他们是真正感染了烦恼病。这可能正是烦恼病的烦恼缘由。

33. 心配事で悩むのも“人生の糧”

時間だけがクヨクヨ病をいやしてくれる唯一の特効薬では、あまりに受動的すぎないか。そこで、クヨクヨ病の原因を探ってみたい。

そんなに心配しなくてもいい。心配は心を疲れさせるだけである。心配などというものは、道ばたの小石のように、人生の小径のあちらこちらにいっぱいころがっている。その一つ一つをとりあげて、心を労していたら、心配の人生だけになってしまう。

そんなに心配しなくてもいい。心配は誰もが持っている。心配を持たない人など、誰ひとりとしてない。それでもみんなそれに耐えて、静かにほほえんでいる。

（『月刊 PHP』）

この文のように、人生には小石のごとく、心配の種がいっぱい転がっている。仕事が思うように進展しない、今の企画は自分の能力ではこなせないのではないか、昇進・単身赴任、株の暴落、身体の不調や老化、子供の進学、働きに出たいという妻の要望、家のローンの支払い、ＰＴＡの仕事、両親の健康、退職後の生活…等々、心配の種が消えては生まれてくる。苦の種がない人などこの世には存在しない。

問題は心配の種をどう摘んでいくかにある。心配ごとがあってもわりと気にしない、不都合があると我慢できずにクヨクヨする、苦しくてもじっと我慢するなどと、そのタイプは様々だ。

どのタイプに自分が属するかも問題だが、それよりも重要なのは、心配事があってクヨクヨしてもいいが、それを人生の糧にして前向きに生きようと努めることができるかどうかである。同じ心配で苦しむにしても、その状況に愚痴を言い続け人生を恨む、そして生き方が後ろ向きになっていくという、悪い苦労をする人もいるのである。

难词注解

糧(かて)：粮食，干粮；精神食粮

PTA〈名〉：(Parent-Teacher Association)家长教师联合会

参考译文

因心事而烦恼亦是“人生之精神食粮”

认为时间是治愈烦恼病的唯一特效药，这种想法未免过于被动了。在此，我想试着探究一下烦恼病产生的原因。

不需要那么担心。担心只会让心觉得疲惫。心事就像是路边的小石子，在人生的道路上随处可见。若是因为这一桩一桩心事而烦恼，那么你的人生将成为终日忧心忡忡的人生。

不需要那么担心。谁都会有挂心的事。丝毫没有心事的人是不存在的。即使是这样，大家都忍耐着(这些烦人事)，静静地微笑着。

(月刊《PHP》)

正如这篇文章所写，在人生的道路上会遇见许多令人忧心的事，这些忧心事就如同掉落在路边的小石子一样。工作不如预想的那样进展顺利、怀疑凭借自己的能力能否做好这次企划、升职和单身赴任、股票的暴跌、身体的不适和衰老、孩子的升学问题、妻子想出去工作的愿望、家中各项贷款的偿还、家长教师联合会的工作、父母亲的健康状况、退休后的生活等，让人操心的事总是一经消失又马上出现。在这个世上没有苦恼的人是不存在的。

问题在于如何去排遣心事。有些人即使有心事也毫不在意；有些人一有不如意就难以忍受，整天愁眉苦脸；还有的即便是十分痛苦也只是默默地承受……

当然，你会去想自己是属于哪个类型的，但是比这更重要的是你能否将这些烦恼、心事转化为人生的精神食粮而更加积极地生活下去。然而，有些人有了烦恼就觉得无比痛苦，不停地抱怨现状，怨恨人生，生活方式也渐渐变地消极了，一辈子生活得很辛苦。

34. 不運を祖先のせいにしていないか

以下は人づてに聞いた話である。

Cさんはある日、脳梗塞で突然倒れたが、幸いにも軽度ですんだ。半年後、今度は右目が見えなくなり、眼科で診てもらうと白内障……だが、これも手術をしたらだいぶ回復したという。

六十五歳の今日まで人一倍健康で、事業も順調だったCさんは、それ以後すっかり自信を失い、生きる気力もなえて落ち込んでしまった。たまたま縁側に座って庭を見ていたら、庭に祀ってあった地蔵の石仏が眼に入った。よく見ると、どういうわけか頭の上部が欠け、そして右目も潰れている。なにやら自分の二つの病気に関わりがあるように感じられ、気味が悪くなってきた。あの地蔵のどこかに傷ができたら、そのたたりで自分にまた何が起こるかわからない……そう思うと不安で居ても立ってもいられない。縁起の悪い地蔵を一刻も早く処分できないだろうか、と真剣に考えるようになったという。

なるほど、悪いことが二つも連続したら生きる自信を誰でも失うものだ。だからCさんの不安を理解できないわけではない。ましてや日本人は、自分や家族に悪いことばかり続くと、家相が悪い、祖先のたたりだなどと、すぐに考えるものだ。

だが、これは実に要領のいい考え方だと思う。

祖先は果たしてたたるのだろうか。私は否と判定したい。例えば、もしあなたが亡くなり、その後、最愛の妻や可愛い子供たちが供養を一回や二回おろそかにしたら、あなたは「たたってやる」と恨むだろうか。

「仕方がない。きっと忙しいから供養できないのだろう。身体には充分気をつけなさいよ」と暖かく見守り、かえって心配するのではないだろうか。そして家族が不幸なときは、「今こそ辛抱のしどころだよ。この苦しみを一日も早く乗り越えてくれることを、心から祈っているよ」と、励ますはずだ。

大体、祖先がたたると考えている人に限って、商売が順調で一家が安穏のときには祖先のおかげと感謝せず、自分の力でこうなったと考えている。そのくせ何か悪いことがあれば祖先のたたり……これでは先祖は踏んだり蹴ったりではないか。

自分の責任を少しも省みず、不幸の原因を祖先の霊に押しつける——こんな身勝手な考えでいるから、しまいには自分の不運を嘆かざるを得ないのである。つまり、粗末な自らの生きざまが自らに罰を当てているわけで、これを仏罰という。仏罰は、決して仏が罰を与えるのではないのだ。

いささか話が変わるが、祟りとは漢字で、「祟」と書く。出と示という字で成り立っていることがわかる。示は神のことだから、神が出ていくとたたりが来る——もっといえば、自己の宗なる教え＝正しい宗教を学ぶことを軽んじると、たたりという想念に自分が執われて苦しむぞ、ということではないか。「祟」という漢字をこのように把握することは決して意味のないことではないと思うのだ。

难词注解

祀る：祭奠，供奉

気味：感触，心绪，(觉得)有点……

否：不同意，否

辛抱：忍，忍耐

安穏：平安，安稳

祟り：作祟，报应

参考译文

有没有把不幸归罪于祖先

以下是一些听来的传闻。

一天,C先生突然患脑中风病倒了,幸亏是轻度的没有大碍。半年后,这回右眼又看不见了,眼科诊断出了白内障。不过,经过手术,这次也基本恢复了。

65岁的C先生目前为止,一直都比别人更健康,事业也更顺利。但从那以后他彻底丧失了自信和活着的勇气,陷入情绪的低谷。一天,他坐在院子里的时候,偶然间院子里供奉的地藏石佛映入眼帘。他仔细一端详,地藏菩萨的头部掉了一块,而且右眼处也坏了。联想到自己的两个疾病似乎与此有关,越来越感到不吉利。那个地藏菩萨哪里有伤,自己相应的部位也会出问题……越这样想越发起居难安。一心想尽快处理掉这个不吉利的地藏菩萨。

被厄运连续两次光顾,谁都会丧失生活的勇气。因此,C先生的不安也不难理解。更何况是日本人了,自己和家人接连不断地发生不幸的话,马上就会联想到是不是房子风水不好,或者是祖先的惩罚造成的。

然而,我认为这实在是精明的想法。

难道说祖先真的会使障眼法来惩罚吗?我不这样认为。比如,如果你去世了,自己珍爱的妻子和孩子疏忽了一两次祭祀,难道你就会痛恨他们,去报复她们吗?

你一定会说:"没办法,大概是太忙了,忘记了祭祀。注意身体要紧。"相反还会担心他们。并且,当家人遭遇不幸时,你一定会鼓励她们说"现在是要忍耐的时候,从心底里盼望能够早日克服和摆脱痛苦"。

大体上,认为是祖先惩罚的人,在生意兴隆的时候没有感谢祖先,觉得是自己努力的成果。相反,遇到什么不好的事情,就归罪于祖先。这不是亵渎祖先吗?

丝毫不反省自己的责任,把不幸的原因归咎于祖先的亡灵——如此随心所欲的想象,最终不得不哀叹自己运气不佳。也就是说,对自己人生不负责任,结果自作自受。这就是佛教里的天谴,然而天谴绝不是天施加的。

顺便提一下，日语中惩罚这个字写成“祟”，由“出”和“示”构成。“示”这个字来源于神，所以神出没的时候就会有“祟”（惩罚）。进一步讲，轻视正确的宗教学习的话，就容易陷入“祟”的怪圈，折磨自己。对“祟”这个汉字如此理解，并非毫无意义。

35. 不幸や不運にジタバタするな

前出のCさんは市の商工会議所副会頭まで務めた方だという。なるほど企業人としては立派で、門外漢の私などがとかく批判する資格はないかもしれない。しかし、ひとりの人間としてCさんという人間を見ると、まことに失礼な言い方だが、人生の根本を学ぶことを忘れていたため、人生の後半でジタバタしているのではないだろうか。

では、Cさんを混乱させた二つの大病の原因を、もっと科学的に考察してみたい。例えば、食生活に配慮が足りなくはなかったか、仕事の心労がたまっていなかったか、遺伝に関係はないかなど、いろいろ考えられるだろう。おそらく、これだと限定することはできない、むしろ様々な要因が重なって病気になったと考えるほうが自然だ。すると科学的分析もここまでで、私たち人間がなしうることは、病気の治療は医者に任せてしっかり養生すること、さらに病気をあまり気にしないで、自分のなすべきことに無理せず打ち込むことだ。

それでも、まだ足りないと思う。

すなわち「この程度ですんで、本当にありがたかった、助かった掛け替えのないこの生命をこの先大事にしていこう」と、謝念をもって病気という不幸を受けとめる。そう受容できたら、病気というマイナスをプラスに転換できる。病によって、生命を別次元から見つめられれば生き方が変わってくるのだ。

いつ死んでも不思議でない老少不定の生命が、今生きている、その不可思議を感得できて、始めて本当に人間らしく生きられるのである。仏教詩人の坂村真民さんは、この消息（心のプロセス）を次のように詩っている。

病いが
また一つの世界を
ひらいてくれた
桃
咲く

（坂村真民「桃咲く」）

私たちは彼のように、不幸や不運に出会うごとに、心を少しずつ転換できるように精進しなくてはならない。不幸や不運を受け止める心こそ、私たちは育てていくべきだ。それなのに、悪いことが起こるとすぐ何かのたたりだと短絡するのは、まことに幼稚な考えではないだろうか。

难词注解

ジタバタ：着急，挣扎
心労：担心，操心
次元：维度，着眼点
プロセス：过程，流程

参考译文

遭遇不幸、倒霉、背运时不要慌乱

前边提到的那位C先生，曾经任职于某市商会的副会长，是身份显赫的人。的确，作为一个企业家来说是非常出色的，像我这样的门外汉也许没有说三道四的资格。但是C先生作为一个普通人来看的话，不客气地讲，他这样恐怕是因为忘却了对人生“根本”的学习，所以才在后半生中苦苦地挣扎。

针对使C先生陷入混乱的两大疾病病因，进一步加以科学分析的话，比如说是不是饮食方面照顾不周啊，是不是工作上劳心劳力、积劳成疾啊，有没有遗传因素等，应当从这方面去寻找病因。病因恐怕不是一种情况导致，而是种种情况重合在一块才导致疾病的，这样想才是自然合理的。科学分析暂且先到这里。总之，我们人得了病，那治疗就应该交给医生去做，自己专心去调养，对疾病不要过分地担忧，潜心努力做好自己应当做的事。

即便如此，还是不够的。还要感谢“疾病没有发展到更加严重的地步，谢天谢地了。今后要格外珍惜这捡回来的仅有一次的生命”，心存感激地接纳患病这一不幸的现实。做到了这一点，疾病的负面影响也可以转化成正面的了。因为患病从而从另一个角度来看待生命的话，那么，人生观也会随之发生变化了。

人什么时候死都不稀奇，人生本来就是生死难料。但唯有感悟到这一变幻莫测的生命现在活着的神奇魅力，才能让生命绽放出真正光芒。佛教诗人坂村真民先生就生死（心理历程）留下了诗云：

病患为我
打开了
另外一个世界
桃花
绽放了

《坂村真民（桃花开了）》

我们也应该像他那样，每当遇到不幸、不走运的时候，心情应该一点一点地转换过来，从痛苦中振作起来。以勇气去承受生命中遇到的不幸，这会令我们不断地成长。反之，遇到一点倒霉的事，马上就胡乱猜疑鬼神作祟的幼稚想法，简直贻笑大方。

36. “竹の心”に学べ——『菜根譚』の人生訓

明末に、洪自誠という人が残した人生訓の書、『菜根譚』に名句がある。

「風、疎竹に来たる、風過ぎて竹は声を留めず」

説明の必要はないと思うが、簡単にしてみよう。疎竹とは疎らにはえている竹のことだ。そこへ風がサァーッと吹くと、竹がさわさわと音を立ててゆれる。でも風が過ぎ去ってしまうと、竹はもとの静けさに即座に戻る。人間も竹の心に学べ、という意味である。きっと読者の中には、竹と風のことなんか私たちにどう関係があるのか、と疑問を抱かれるかもしれない。この風を、私たちの人生の様々な出来事に置き換えてみるとよくわかる。

禅の言葉に、「八風吹けども動ぜず」がある。人生には私たちの心を乱れさせる八つの障害があるというのだ。利(得になること)、衰(損になること)、毀(陰でそしられること)、誉(陰でほめられること)、称(本人がいるところでほめられること)、譏(本人がいるところでそしられること)、苦(心身を悩ますこと)、楽(心身を喜ばすこと)の八つである。

そういわれてみれば、私たちは八つの風に吹かれて自己を見失うことが多い。Gさんも、衰風、毀風、譏風、苦風の四風に吹かれて心が相当乱れている。しかも反対の利風、誉風、称風、楽風の四風も求めているのだから、八風に吹かれてフラフラしていると表現したほうがいい。

难词注解

即座(そくざ): 立即,立刻,马上

そしる：诽谤，责难

参考译文

向"竹之心"学习——《菜根谭》的人生哲理

明末，有个叫洪自城的人留下一本人生哲理的书《菜根谭》，书中有一句名言。

风来疏竹，风过而竹不留声。

虽然我想无需说明，但还是简单解释一下。疏竹就是指稀疏种植的竹子。一阵风吹过，竹子摇动发出沙沙的响声。但是风过后，竹子立刻就恢复宁静。人也应该学习竹子的心。一定有读者抱有疑问：竹子和风，跟我们有什么关系呢?将风换成我们人生中的种种遭遇就能明白了。

禅有一句话叫"八风吹不动"。人生中使我们心乱的有八种障碍，分别是：利（有利可图）、衰（吃亏）、毁（背地里被人诽谤）、誉（背地里被人称赞）、称（当面被称赞）、讥（当面被毁谤）、苦（身心受折磨）、乐（身心愉悦）。

这么说来，我们很多时候会被这八种风吹得迷失了自己。G也就是被衰风、毁风、讥风、苦风这四种风吹得心相当乱，同时他也追求利风、誉风、称风、乐风这四种风，所以说他是被八风吹得糊里糊涂，这样表达可能更恰当。

37.“一升瓶に二合水”のスカスカ人間

この男の姿は、今でも鮮明に目に浮かぶ。元気に働いているだろうか。くすぶって肝臓でも悪くしていないだろうか……なんとなく気になる。考えてみると、坐禅に来たGさんと酔っぱらい男、そして道場で滅入っていた頃の私には共通項がいくつかある。それを探ると、クヨクヨ考えすぎて動きがとれなくなる原因が解明できるに違いない。

ひとつは、過去を変えようという虚しいこだわりを捨てられず、未来にもいとも簡単に希望を失っている。目前のことに全力投球する気力もすっかり失わせていることだ。

二つ目は、クヨクヨしてもどうにもならないことに悩んでいるのだから、小さな了見しかもてずに生きているといえる。

例えばGさんは、後輩が自分のことをもっと尊重してしかるべきだと考えている。酔っぱらいも、人間は平等であるべきなのに、そうでないことが自分を不幸にしていると思いこんでいる。私も寺に生まれなかったら、社会に出てもっと自由に生きられたはずという思いがくすぶり続けていた。三人ともに、自分のただひとつの考えにこだわり、別の角度から物事を見ようとしていない。自分はこうあってしかるべきだという偏狭な完全主義こそクヨクヨ病の細菌であることに気づかなかったのだ。

三つ目は、三人とも依頼心が強いということだ。Gさんは後輩が自分に対する態度を改めることを求めてばかりいる。酔っぱらい男は、人間が努力しようとしまいと、社会は人間を平等に扱うのが当然だと、社会に甘えている。私自身も彼らと変わらなかった。道場での反抗的で不誠実な振る舞いが、修行仲間をどのくらい不快にしているかを考えもしなかった。それどころか仲間に同情さえ期待していた。依存性が強い人間は、苦しみからなかなか立ち上がれないものだ。

四つ目は、クヨクヨと悩んだのは事実だが、徹底的に苦しんだが、苦に徹したかと問われたら答えに窮する。ほどほどのところで苦しんだだけのような気がするのだ。

第三章で述べたように、修行時代、未熟な私は真剣には修行に打ち込めず、思うようにならない不自由な生活にへこたれ、落ちこむばかりだった。自分のちっぽけな心でしか、道場の生活を見られなかった。好き嫌いや都合だけで不平ばかり言って、自分のいたらない姿を見つめることに方向転換するエネルギーが欠如していた。

たとえ自分の身勝手さや不誠実な振る舞いに自己嫌悪を感じても、その気持ちを心の奥へと押しこんで深くは苦しまず、また反省もせず、その反動として他者の批判にいよいよ力を注いでいたのではないのか。

その体験から、クヨクヨ考えて苦しむ人は、本当は自分の生き方や考え方に嫌悪感を人一倍もち、その感情が自分をますますクヨクヨ悩ませるのだと悟った。また、自己嫌悪に陥るが、それも中途半端なので自分のいたらなさを自覚できないし、反省もできない。だから、不都合が起こると愚痴が出る。気に食わないことをされるとカーッときてその人を恨む。そんな悪循環の鎖をなかなか断ちきれないのだ。

ある人が、すぐに愚痴を言い、クヨクヨする人間を“一升瓶に二合水”と名付けている。一升瓶に二合ぐらいしか水が入っていないと、振るとチャポチャポ音がする。中身が少ないからだ。人間も内省が浅いと、愚痴ばかり出てクヨクヨ病になるというのだ。私も見事な一升瓶に二合水のチャポチャポ人間だった。

徹底的に悩むことは自己凝視に徹して反省もすることだ。その点、極めて私は中途半端で、実に要領よく、器用に悩んでいただけだったのだ。

难词注解

合：合，面积单位，一坪的十分之一；容积单位，一升的十分之一

滅入る：沮丧，灰心，郁闷，消沉

ほどほど：适当，恰如其分

へこたれる：筋疲力尽；气馁，泄气，萎靡不振

参考译文

“一升的瓶子里只装了两合水”的空虚之人

这个男子的样子，现在仍然能够清晰地浮现在眼前。他是在干劲十足地工作着吗？整天闷闷不乐有没有影响身体健康呢……他的事总是让人挂心。好好想想，来坐禅的G先生、醉酒的男子以及曾经在道场觉得灰心沮丧的我，三人身上有许多共同点。如果找到这些共同点，那么变得烦恼过度、停滞不前的原因也一定能够解释了。

第一点，无法放弃“想改变过去”这一徒然的念头，轻易地对未来失去了希望，从而丧失了全力以赴去做眼前事的干劲。

第二点，烦恼于终日愁眉苦脸却什么也解决不了，仅怀着一些小小的偏执的念头活着。

例如，G先生认为他的后辈应该更尊敬自己。醉酒的男子则深信人生本该是平等的，而得不到平等对待的自己是如此的不幸。如果不是出生在寺庙里，我就可以正常地出入社会，生活得更自由，这种想法也曾经困扰着我。三个人都是固执地坚持自己的某一个想法，而不能换个角度来看事物，全然没有意识到这种认为自己就该是这样的狭隘的完全主义思想正是传播忧郁之症的细菌。

第三点，三个人都有很强的依赖心。G先生一味地追求后辈对自己

态度的改观。醉酒男子则完全寄希望于社会，他认为不管个人努不努力，社会都应该平等地对待每一个人。我也和他们一样。在道场的时候，我完全不顾及自己的反抗性的不真诚举动会给一起修行的同伴带来多少不愉快，甚至还期望能从他们那里得到同情和安慰。依赖心强的人注定难以摆脱痛苦。

第四点，我的确是闷闷不乐烦恼过，但当被问及是否极度苦恼的时候，我又无从回答了，觉得只是适度痛苦了一下而已。

正如第三章写的那样，修行时期，尚未成熟的我没能认真地投入修行，而是一味地抱怨生活没有想象中自由，觉得沮丧和泄气。当时的我，只是用自己的小心眼儿在打量道场的生活。只考虑自己的好恶和方便一个劲地发牢骚，没有精力去审视自己的缺点。

即便是对于这种自私自利和不真诚的行为自己都觉得厌恶了，也要把这种感情强压在心底，既不觉得痛苦也不反省，而反过来将所有的精力都花在指责他人上。

从我的经历可以看出，愁眉苦脸痛苦万分的人其实比一般人更讨厌自己的生活方式和想法，而这种自我厌恶的感情又将进一步加剧自身的烦恼和忧虑。此外，虽然陷入了自我厌恶的状况，但这种感情仍然是模棱两可的，因此当事人还是意识不到自己的不足之处，也不会去反省。所以，一旦有什么不顺心的事发生，就会开始发牢骚。如果别人做了什么让自己不满的事就会十分生气进而怨恨对方。如此下去，就会形成恶性循环。

有人给这些喜欢发牢骚、终日闷闷不乐的人取了个名字，叫做“一升的瓶子里装了两合水”。容积为一升的瓶子里只装了两合水，一摇动就会发出哗啦哗啦的声音。那是因为里面装的东西太少的缘故。人也是一样，要是缺乏自我反省，就只会抱怨，变得整天愁眉不展。我也是典型的“一升的瓶子里装了两合水”这种喜欢发牢骚的人啊。

真正的彻底的烦恼应该伴随着彻底的自我审视和反省。在这一点上，我实在是做得不够坚决和彻底，只不过是投机取巧、无关痛痒地“烦恼”了一下而已。

38. 自分に合わないものを身につけていませんか

私にとって青春映画といえば、オードリー・ヘップバーンの『昼下がりの情事』です。

パリの「ホテル・リッツ」。部屋のドアの前にさりげなく置かれたルイ・ヴィトンのスーツケース。そのシーンは、時を経ても色鮮やかに、今も強烈に脳裏に残っています。

そのときから、パリに行ったらホテルはリッツに泊まろう、そしてバッグはルイ・ヴィトン、と思ったのです。また、それが夢でもあったのです。

一九歳のとき、初めて船旅をしました。行く先は香港。ロマンチックな船旅は恋人と一緒ではなく、一人旅でした。親は娘の身を案じてか、私を一等船室に乗せたのです。

しかし、一等船室にはあまりにも不釣り合いな私は食堂、ロビー、娯楽室、どこにいても肩身の狭い思いをしました。

しかし、そこは若さです。数日過ぎると雰囲気にも慣れ、けっこう居心地よく船旅を楽しむことができました。

香港では知人のご夫妻が、この地の文化にふれさせようとしてくれたのですが、そのときの私はそういった文化にはまったく関心がありませんでした。

実は内心、ご夫妻の好意が煩わしくもあったのです。今考えると、なんともったいないことをしていたかと後悔しています。

目的はあこがれのルイ・ヴィトンのバッグを買うことでした。

ルイ・ヴィトンのバッグがあれば、自分が変わると思っていたのです。とにかく自分を変えたかったのです。

当時の私は、自分というものをもっていませんでした。つまり自己無価値観に陥っていたのです。

自分自身に価値を見いだせないと、枯渇している心をブランドなどで埋めようとします。私はブランドのバッグをもつことで自分の不安や寂しさを癒そうとしていたのです。

このバッグがあれば幸せの青い鳥が来る、ブランドのバッグがあれば幸運が来ると思っていたのです。

今の生活、背伸びをしていませんか

不安になると偏った見方にとらわれます。だから全体が見えなくなります。自分の姿がどんなに不自然であっても、そうした自分に気づかないのです。

これはすべてにいえることです。形に走ると、自分の良いところも奪ってしまうのです。

この場合でいえば若さとか初々しさです。ブランドのバッグが若さという美しさを自ら奪っていたのです。

そんなある日のことです。恩師にこう言われました。

「そのバッグはおやめなさい。あなたには合いません。もっとご自分を磨かなくてはかえって笑われますよ」

この言葉に、私はとても傷つきました。

しかし、今となれば幸せの本質を気づかせてくれた一言でもあったのです。

もし、あのまま自分のコンプレックスを癒すためにブランドを買いあさっていたら、虚栄の世界でおぼれていたかもしれないのです。

あこがれのブランドのバッグは、当時の満たされない心の穴埋めだったのです。今はそのバッグもありません。満たされない心を何かで代替しようとしても、結局はすべて泡のように消えてしまうのです。

しかし、若き日の私の愚かな生き方を決して恥じてはいません。むしろこうした経験が、今に生きています。

昔からバッグと靴はその人の生き方を象徴しているといいます。「足元の気配りにその人の生き方が出ている」ともいわれます。ブランドの靴とバッグが浮き上がって見えるようなら、自分に合わないものを無理に身につけているのです。

难词注解

肩身が狭い：脸上无光，感到丢脸

背伸びをする：做超过自己力量的事

参考译文

有没有戴着不适合的东西呢

对我而言，青春时代的电影就是奥黛丽·赫本的《黄昏之恋》。

巴黎的丽兹酒店。房间门前随手放着的路易·威登的行李箱。虽然时光流逝，但这个情景至今仍色彩鲜明地刻在我的脑海中。

从那时起，我就在想如果去巴黎的话，就一定要住丽兹酒店；买包的话就一定要买路易·威登。那也成为我的梦想。

十九岁的时候，我第一次坐船旅行。目的地是香港。浪漫的航程不是和恋人一起，而是独自一人。父母大概是担心女儿，让我住在一等舱。

但是，与一等舱太不相称的我无论是到食堂、大厅还是娱乐室，都感觉很丢人。

但好在我年轻。过了几天，我就习惯了那个氛围，开始舒舒服服地享受起旅程。

在香港的熟人夫妇努力想让我接触当地的文化，但那时的我却对那种文化毫不关心。

事实上，我甚至还觉得那对夫妇的好意很烦。现在想来，真后悔自己浪费了那番好意。

我的目的就是买憧憬的路易·威登的皮包。

我觉得只要买了路易·威登的皮包，自己就会有所改变。总之就是想改变自己。

当时的我没有自我。也就是说失去了自我的价值观。

看不见自身的价值，就会想要用名牌来填补干涸的内心。我想靠拥有名牌包来治愈自己的不安和寂寞。

我以为有了这个包，幸福的青鸟就会飞来，只要有了名牌包，幸运就会来到。

在现实生活中，你逞强了吗

不安会导致偏激。因此就会看不见全局。不管自己的样子有多么不自然，你也不会发现。

这点适用于一切。拘于形式，就会丧失自己的优势。

在此处的优势就是指年轻和纯真。用名牌包则自然丧失了青春之美。

那是某一天的事。恩师这样对我说道：

“别用那个包了。它不适合你。你不好好注意提高自身品位的话，只会被人嘲笑的。”

这句话深深地伤害了我。

但现在看来，这却是提醒我发现幸福本质的一句话。

如果当时我继续为掩饰自己的自卑而拼命购买名牌的话，我也许就沉溺于虚荣的世界而无法自拔了。

梦寐以求的名牌包当时是填补了我虚荣的内心。现在那个包已经没有了。想要用什么来填补空虚的心灵，结局就是一切都如泡沫般消失得无影无踪。

但我并不认为年轻时的我那种愚蠢的生活方式是耻辱。不如说这种经历至今仍在发挥作用。

以前就有“包和鞋象征着主人的生活方式”这种说法。还有一种说法是“通过鞋子可以看出一个人的生活方式”。如果名牌包和鞋看起来与你自身不成一体，那就是你佩戴了不合适的东西。

39. 忘れることで、人はそれだけたくましくなる

自分の言った言葉がなぜか気になるときがあります。反対に、なぜか相手の言葉にとらわれてしまうことがあります。

そして時間がたつにつれ、そんな不安定な心は、最初は針の穴ほどであったはずの問題を、象の牙ほどまでに大きくしてしまうのです。

「あんなこと、言わなければよかった。どうしよう」という後悔とともに、言いようもない不安が襲ってきます。

「もしかしたら、あの人はこんなことを考えたりしないだろうか」とか、「私はこんなふうに見られたのではないか」などと考えてしまうのです。

しかし、その反対もあります。自分ではとても良い話をしたと思っていたのに、相手はものすごく憤慨していたということもあります。

人は十人十色です。同じ話をしてもそれを同じように理解してくれていると思っていたら、大きな誤解が生じます。

ある僧侶が、「自分では意を尽くしたと思っていても、相手によっては不満が出るものです。だから、いちいち自分の言った言葉に責任を感じていたら仕事はできません。自分はそんなに立派でないということさえわかればいいのではないですか」と語っていました。

その言葉を聞いて、「そうだ、自分はそんなに立派ではないんだから仕方がない」と思えました。確かにそれだけで、ずいぶん心が軽くなります。

こうした言葉を気にするのは、自信がなくなっているときです。自信がないと、つい弱気になってしまいます。そして自分ほどダメ

な人間はいないと思い込んでしまうのです。

相手のちょっとした行動に傷つくこともあります。そして、「けしからん」「失礼だ」と激怒したり相手を非難したりして、傷ついた心を癒すのです。

そうした不安定な感情が嵐のように過ぎ去ると、「どうしてあんなことを言ってしまったのか、もっとやさしくできなかったのか」と後悔するのです。

难词注解

たくましい：健壮，强壮，坚强

参考译文

忘却能让人变得坚强

人有时不知怎的会在意自己说过的话。相反，有时会莫名其妙地为对方的话所困。

随着时间的流逝，那颗不安的心，使得原本只有针孔大小的问题变得像象牙般大。

“那种话，要是没说就好了。怎么办？”在后悔的同时，还伴有一种难以名状的不安。

甚至会想：“那人该不会这么想吧？”“我是不是被人看成是这样的？”

但是也有相反情况。本以为自己说了很不错的话，但对方却十分气愤。

人各不相同。要是认为同样的话各人理解起来也是一样的，那就大错特错了。

有个和尚曾经说过：“即使你觉得自己已经尽到心意了，对方也可能会产生不满。因此，要是想对自己说过的话一一负责，就没法做事了。只要明白自己并没那么伟大不就行了吗？”

听了这番话，我才想到："是啊，我并不伟大，所以也就没办法了"。的确这样一来，我感觉轻松多了。

当你担心这些话的时候，一定是没自信的时候。人一旦失去自信，就会变得胆怯。而且会认为世上没有人比自己更没用的了。

有时候对方不经意的言行，也会让自己受伤。并且会暴怒或者责怪对方，说"岂有此理"、"太无理了"，以此来慰藉自己受伤的心灵。

这种不稳定的情绪像暴风雨般过去之后就会后悔"为什么要说那样的话？为什么我不能更温柔些？"

40. 自分を救い出してくれるもの

こんな言葉があります。

「忘れるってことはそれだけたくましくなっているのさ。傷だってそうじゃないか。切り傷くらいで痛いと騒いでいても、それ以上のケガをしたら切り傷の痛みはどこかへ消えてしまう。それと同じことなのさ。」

いつまでも執着してくよくよ悩むより、思い切って忘れてしまうことも大切なのです。

生きている限り、次から次へと嫌なこと、辛いこと、苦しいことは毎日起きるものです。忘れていかなくては体がいくつあってももちません。

なるようにしかならない人生ならば、ケセラセラがいちばんです。きっと「クヨクヨする悩み」から解放されます。

人はどんな状況になろうとも、潜在意識の中に、「自分を大事にしたい」という気持ちを強くもっています。

「そうか、忘れてもいいんだ。忘れることも大切なんだ」。そう思うことで心が楽になり、楽になると考えが素直に前向きになれるのです。

そして、「もう一度やり直そう」と思うのです。それは悪戯をしてしかられた子どもが母親に許されたとき感じる心地よさに似ています。

人はこうして何度も何度も過ちを繰り返しながら、感謝と努力と誠実を学んでいくのです。

立派でなくてもいい、過ちを犯すのが人間であることを認め、素直に生まれ変わろうと努力することが心に安らぎをもたらすいちばんの方法なのです。

「自分はそんなに立派ではない」ということがわかればよい。

难词注解

やすらぎ：安乐，平静，安稳

参考译文

自己的救星

有这样一句话。

“忘却能让人变得坚强。伤痛亦是如此。即使为一点刀伤哭痛喊疼，一旦受了更严重的伤，原来的刀伤就会消失得无影无踪。它们的道理是一样的。”

比起执着于烦恼不放，还是痛下决心忘却更重要。

人只要活着，烦恼、艰辛、痛苦每天都会接踵而来。如果不能学会忘却，就是有三头六臂也抵挡不住。

如果命是注定的，最重要的就是顺其自然。这样一定能从无尽的烦恼中解脱出来。

人无论在何种情况下，潜意识里都有一种强烈的“自我珍视”意识。

“原来忘却也不错。忘却也很重要。”当你这样想时，心情就会变得轻松。想法也就变得积极坦率了。

而且还会想要“重来一次”。那种心情就跟调皮捣蛋后受到责骂的孩子赢得了母亲的原谅似的。

人就是这般在重复犯错的过程中学会感谢、努力和诚实的。

让心灵得到安宁的最好办法，就是承认人无须伟大，孰能无过，并且努力脱胎换骨。

你只要明白“自己并不那么伟大”就好了。

41. 泣けるときは、幸せなとき

わけもなく孤独が怖いときがあります。一人に耐えきれないときがあります。

寂しくて寂しくて涙が頬をつたうとき、胸の奥がきりきりと痛みます。

その痛みに耐えながら、自分ほど不幸せな人間はいないと思ってしまいます。

なぜ自分は一人が耐えきれないのだろう、と自問します。

孤独だと、いつもの時間と空間さえあまりにも長く広すぎるように思えてくるのです。「自分の居場所さえも定まらない。」そんな不安な気持ちを抱えながら、生きている意味を考えることがあります。

何が原因でこうなったのか、なぜ一人が耐え切れないのか、そんな自分の弱さを見て、さらに自分が嫌いになるのです。

こんな言葉があります。

「泣いてくれる友に感謝しよう。泣かせてくれる友がいるだけで幸せと思え。涙はロマンだけではしずくを落とさない」

確かに涙はロマンだけでは心のしずくになって落ちてくれません。執着を断ちきれない未練が、孤独感をいっそう駆り立てるだけです。

泣けるときは幸せなときなのです。本当の孤独に、涙は無縁です。

难词注解

断ちきれない：不能断绝，不能消灭

参考译文

哭出来的时候，是幸福之时

有时不知所以地害怕孤独，有时一个人无法独自忍受。

寂寞到眼泪顺着脸颊流下的时候，内心会剧烈地疼痛。

一边忍受疼痛，一边想着世间再也没有比自己不幸的人了。

自问为何自己一人不能承受呢。

孤独时，就连时间和空间都比以往更加漫长空荡。有时候觉得自己“居无定所”，一边怀着这种不安心情一边思考生存的意义。

是什么原因导致如此，为何一人不能承受？一想到自己的脆弱，就变得更加讨厌自己。

有句话是这样说的：

“要感谢为自己哭泣的朋友。拥有让自己哭泣的朋友是幸福的。眼泪不会仅仅因浪漫而滴落。”

确实，眼泪仅仅因浪漫是不会变成内心的水滴而掉下的。不能斩断执念的贪恋之心，只会使孤独感越发强烈。

哭出来的时候是幸福之时。真正的孤独，与眼泪无缘。

42. 自分を変えたい

自分を変えたいと思うときはどんなときでしょうか。

生きることが楽しければ、あえて自分を変えようとは思いません。むしろ、今の自分に満足しています。

満足は、自ら積極的に生きているときに得られるものです。

そうして考えてみると、もっと積極的に自分を出したいと思うのは、自分自身の気持ちの変化の現れではないでしょうか。

つまり、今まで自分を抑えて生きてきたことからの脱皮宣言のようなものです。その一つが自分を変えたいという思いです。

今まではきっと安らぎがなかったのです。信頼する相手もいなかったのです。信頼関係をつくるには、自分を素直に出していなくては心の絆を築けません。なぜなら自分を抑えなければ関係が保てないからです。

自分を抑えなければ築けない関係は本当に疲れます。

いつも相手から嫌われることを恐れているからです。

こうした無理をしていても、決して報われないことに気づいたとき、「自分を変えたい」と思うのです。

素直に自分を出せないことで関係がギクシャクしてしまったときの辛さ。嫌なのに、無理をして好きと言ってしまったために軽く扱われてしまった悔しさ。そんなとき、もっと強い自分になりたいと思うのです。

仕事もそうです。恋人もそうです。そして、今の自分との決別もそうです。

しかし、自分がここで変わらなくては、どうしても変わらなくてはと言い聞かせることが、もっと自分を追い込んでしまいます。そんな自分は幸せになれないと思うと、変われない自分がとても悲しくなるのです。

でも、今すぐ自分を変えられないからといって嘆かないでください。

スウェーデンの映画監督、イングマール・ベルイマンは七〇歳ぐらいになってから、「私は五〇年かかってようやく自分を解放することができた」と語っています。

自分を変えることはそんなにも長い道のりなのです。

長い長い苦しみの中でベルイマンは、素晴らしい映画作品の数々を生み出していったのです。そして老境に達して、ついに本当の心の安らぎを得たのです。

あなたも、今変われない自分を責めることはありません。

目を遠くして、一歩一歩進んでいけばいいのです。

难词注解

責める：指责

参考译文

想改变自己

想改变自己的时候，是怎样的时候？

如果觉得生活很快乐，就不会想要改变自己。倒不如说是满足于当前的自我。

所谓满足感，只有在自己抱着积极态度生存的时候才能获得。

这样试想的话，想要更加积极地展示自己，不正是自己心情变化的表现吗？

也就是说，这就如同要从压抑的生活中解脱出来的解放宣言一样。而这其中之一，就是想要改变自己的想法。

迄今为止都没有获得安定，也没有可信赖之人。要建立信赖关系，不坦率地表现自己就无法构筑心灵的纽带。因为只有压抑自己才能保持关系。

压抑自己才能保持的关系实在让人感到疲倦。

因为总是在担心会被对方嫌弃。

一旦发现即使勉强自己也不会有所回报的时候，就会想要“改变自己”。

由于不能坦率表现自己，从而导致关系僵化时的辛酸。明明讨厌，却勉强说喜欢，结果被对方看不起时的懊悔。这种时候，你会希望自己变得更加坚强。

工作如此。恋人亦是如此。并且，告别现在的自我也是如此。

但是这种强烈的改变自我的愿望，往往会使自己陷入无法自拔的境地。一想到这样的自己是不幸福的，就会因不能改变自我而悲伤。

但是，请不要因暂时不能改变自己而叹息。

瑞典电影导演英格曼·伯格曼在70多岁时说，“我用了五十年的时间终于解放了自己”。

改变自己，是一段长时间的征程。

在漫长的痛苦徘徊中，伯格曼制作了很多优秀的电影作品。垂暮之年，终于得到了真正的心灵上的安宁。

你，也不必因暂时无法改变而责备自己。

把眼光放远，一步步前进就可以了。

43. 生きがいがない

世の中には、あってもまあいいが、なくてもかまわないものがたくさんあります。携帯電話のストラップ(特に二本目から)、腕時計の秒針(秒刻みで働くわけじゃないし、見てるとせわしない)、サンドイッチについてくるパセリ(あれは食べるものなのか?)、現場に出ない臨床心理士……等々ですね。

生きがいというのは、こうしたもののひとつと言えるでしょう。あったほうがかなり体裁はいいですが、別になくても生きていけるということです。生きることの目標とか目的というのも同じです。「生きがいがない」と嘆く人は、生きがいがなくても今まで生きてきたことを忘れてはなりません。そう、実際生きてきたわけです。たぶんそんなことを考えずに生きていくほうが自然といえば自然なのでしょう。

しかし、哲学的なものを重んじるタイプの人はこれにこだわる向きもあるでしょう。何事も自分が納得するものがないと動かない、それもまた個性としてはいいですね。だから、こう考えましょう。見つからないのは、探し方がちょっと違っていたのかもしれないと。

难词注解

せわしない：心神不定的，动作不停的，忙碌的

納得：领会，同意，认可，理解

参考译文

没有存在的意义

这个世界上可有可无的东西有很多。手机的挂绳（特别从第二根开始）、手表的秒针（又不是一秒一秒地走的，而且看着它也会让人心神不宁）、三明治中夹带的荷兰芹（那是可以吃的东西吗?）、不出现在现场的临床心理医生……等。

所谓存在的意义，就如同上述的东西一般。虽然拥有的话比较体面，但没有也照样可以过活。所谓生存的目标和目的也是如此。

感叹“没有生存的意义”的人，不要忘记自己即便没有生存的意义可仍生活至今这样的事实。是的，你已经实实在在地活到今天。或许可以说没有过多地去考虑这样的事而是顺其而然地生活更加自然吧。

可是重视哲学的这类人却总拘泥于这一点。不是自己认可的，不管什么事情都不会去做，这一点作为个性来说是好的。所以不妨这样想，没有找到生存的意义，可能是因为寻求的方法有点不对。

44. 忘れっぽい

忘れると言うのは、人が生きていく上でとても大切なことです。ある意味、能力と言ってもいいでしょう。

それでも、大事なことはけっこう覚えているものです。関心や興味の対象であれば、そんなに忘れないでしょう。しかし、「そういう大事なことをよく忘れるから困るんだ」と言う場合もあります。ですが、それは他の人が「大事」だと思っていることであって、自分が大事だとはあまり思っていないからでしょう。

まして、自分にとって都合の悪いことや、覚えていると精神衛生上、よくないことなどは忘れるほうがいいわけです。このように、嫌なことを忘れると言うのは自分の身を守ること、自己保存本能の一環ともいえるのです。

嫌なことばかりをよく覚えている人はあまりハッピーな生活を送ることができませんが、忘れっぽいと言う人は、だいたいにおいて、細かいことを気にせず、おおらかな気分でいられることになります。そもそも、人生で絶対に忘れてはいけないようなことは多くありません。家に帰る道順とかお箸の持ち方、奥さんの名前などさえ忘れなければ問題ないでしょう。

难词注解

大事：重大的事情；珍惜，爱护，重要；重要的，无可替代的

都合：情况，状况，方便；机会，时机

参考译文

健　忘

所谓忘记，是人生在世很重要的事情。在某种意义上，也可以说是一种能力吧。

尽管如此，重要的事还是会记住的。如果是自己关心和感兴趣的对象，就不那么容易忘记吧。可是，也有“因为老是忘记那样重要的事感到为难”的时候。不过，那是因为别人觉得比较重要，而你自己却不认为是什么大事吧。

况且，对于那些于自己而言不好的事、对精神健康不利的事等还是忘记为好。像这样忘记讨厌的事，其实是在保护自己，也是自我保护本能中的一环。

那些总是记住不好的事情的人往往不能开心地生活，而健忘的人，一般来说，不拘小节、心胸豁达。说来人生在世那些绝对不能忘记的事并不多。只要不忘诸如回家的路线、筷子的拿法以及夫人的名字就没有问题了吧。

45. 見栄っぱりである

見栄をはるのはいいことです。

見栄というのはある種のその人の美学であり、自分の行動基準ともなっているからです。戦後、違法の闇米や物品を入手しなければ生きられなかった時代、いっさいそういうことを拒否し、そして餓死した人がいました。これに対して、「そこまでがまんしなくても」と多くの人は思うでしょうが、現在の政治家たちをみれば、そのような美学を持っていないことのほうに問題があると言わざるを得ません。

「武士は食わねど高楊枝」と言う言葉がありますが、これは我慢すると言うよりもプライドの問題です。なんでも実利的に物事を考える人は見栄なんか捨てたほうがいいと思うでしょうが、皆が皆そうなってしまったら世の中はギスギスしてばかりですね。

また見栄はその人のがんばりのもととなっています。べんきょうは嫌いだけど、あまり悪い点をとるのはみっともないなとか、多くの子供はそういう見栄を持っています。もしそれがないと「もうどうでもいいや」と投げ出してしまうでしょう。

要は、見栄に引っ張られて、それに見合うような自分を作っていくことができればいいと言うことですね。

难词注解

見栄をはる：装门面，虚饰外表，追求虚荣

拒否：拒绝，否决

参考译文

爱撑门面

好面子是一件好事情。

因为面子是某种个人的美学，也是个人的行为准则。战后，在如果不依靠违法的黑市米和物资就不能存活的时代，有的人全部拒绝，最终饿死。对此，许多人大概会想"没有必要忍到那个程度吧"。不过，如果反观现在的政治家，我们不得不说正因为没有这样的美学，反而才产生了问题。

虽然有"人穷志不短"这样的说法，与其说这是忍耐，还不如说是自尊心的问题。对于总是功利地思考问题的人，他们一定认为面子之类的还是去掉为好。但是，如果全体都变成那样，那世间将变得冷漠刻板。

再者，面子会成为一个人努力的动力。虽然讨厌学习，但成绩太差的话会丢脸等，很多孩子都有着那样的虚荣心。如果没有这一点，那就会说"随它去吧"，而破罐子破摔吧。

总之，爱面子，如果能够做出与面子相称的事情就好。

46.「いいこと」が相手に迷惑の場合も

世の中には「なにごとも確かでないけれど、生まれてこなければよかったことだけは確かだった」と苦しんでいる人もいるのです。このような人にとっては、「がんばれば幸せになれる」という言葉ほど傷つく言葉はないのです。

何もなくても不安でたまらない人生を生きている人にとって、「幸せ」を求める以前にまず必要なことは、心にべったりとはり付いている不安感を取り除くことだったのです。

人と会っていても、仕事をしていても、食事中でも、二十四時間、いや、今まで生きてきた年月、ずっと見えない不安に怯え続けてきたのです。この不安と怯えを取り除いて、初めて「自分の今の幸せ」が考えられるのです。つまり、そうした恐怖の感情から逃れたいと思っている人にとって「幸せ」はそのあとのことだったのです。

いつも怯えている人は、人と顔を合わせるだけでも怯えます。怯えや不安は相手を見る心のゆとりをなくしてしまいます。だから相手がどんな人なのか、それを観察するゆとりもないのです。

そういう人に「幸せになれるのよ」と言ったら、かえって意地悪な言葉と受け止めるかもしれません。

こうして考えてみると、自分がいいことをしていると思っていても、相手が迷惑と感じる場合もあるのです。

「幸せ」の原点の一つにふれあいがあります。

そのふれあいは相手を理解するところから始まるのです。自分と相手はまったく違った考えをもって生きていることを理解することです。

そこから相手を尊敬できる心が生まれるのです。

人は一人では生きていけないのです。信じ合う心、ふれあう心から愛を育み、本当の安らぎを得ることができるのです。安易な言葉で相手を励ますことで「幸せ」を築くことはできないのです。

人はみな、見えないところで一生懸命がんばっていることをお互いが理解し合うことです。

难词注解

受け止める：追求幸福
受け止める：接受
理解し合う：互相理解

参考译文

"好事"也会变成麻烦事

世上有的人痛苦地认为："什么事都不能确定，但唯一能够确定的就是如果没有出生在世上就好了"。对这些人来说，没有比"只要努力就能幸福"更让人伤心的话了。

对于经常会莫名其妙地感到不安的人来说，在追求"幸福"之前，首先要做的，就是消除内心的不安。

即使与人会面、工作、吃饭，二十四小时，不，而是活着的每一瞬间，一直都因看不见的不安而恐惧。只有消除这种不安和恐惧才能考虑"自己现在的幸福"。换言之，对于那些急于从恐惧的情绪中逃离出来的人来说，"幸福"是之后的事。

胆怯的人，甚至会害怕与人见面。胆怯与不安，使人丧失了观察了解对方的闲情逸致（心情）。所以无暇顾及对方是怎样的一个人。

一旦对那样的人说"一定能得到幸福"，对方反而有可能认为是讥讽的话。

因此，自认为做好事，有时却可能让对方感到不愉快。

“幸福”的原点之一是相互沟通。

这种沟通首先要从理解对方开始。理解我们彼此都有着完全不同的想法。

对对方的尊敬便由此产生。

人是不能独自生存的。唯有包容信赖、彼此相通的心灵才能哺育爱、才能真正使心灵得到安宁。仅凭简单的话语来鼓励对方，是不能构筑起“幸福”的。

人们需要相互理解，大家都在某个看不见的地方拼命努力着。

47. 認められたい気持ちが強い

これはなかなか健全なことです。だいたいにおいて、人は誰かに承認されたいという欲求があるものです。ひょっとしたら、こういう気持ちを持っているのは自分の醜いところではないだろうか、もっと謙虚でいなければいけないのではないだろうかと懸念しているのならば、その必要はまったくありません。

しかし、そういう欲求が自分にあることを自覚していないと、いろいろと嫌な形で表に出してしまい、人から嫌われることが多くなります。「目立ちたがり屋」とかですね。しかし、あなたはそのことを自覚しているわけですから、その心配があまりなさそうですね。それに認められたいという気持ちがあるからこそ、いろいろなことにがんばるわけで、そういう意味でも否定するようなことではありません。

そもそも私たちは、他の人から認められることで心が安定するものです。そのことで孤独や淋しさから解放されてもいるのです。そして人から承認されることが積み重なっていくうちに、自分に自信のようなものが定着し、それほどに意識しなくてもよくなってきます。そういう段階にいくまでは、こういう気持ちをもって行動し、実際に人に認められるようにしたいものです。

难词注解

懸念：惦记，惦念，忧虑；担忧，担心

参考译文

渴望被认可

这是很正常的想法。几乎所有人都渴望被人认可。完全没有必要担心自己的这种想法会不会很丑陋，是不是应该更谦虚一点。

但如果没意识到自己有这种念头，就会以各种各样令人讨厌的形式表现出来，越来越遭人厌恶。比如说“爱出风头”等。但是你已经意识到了有这种想法，所以大可不必担心了。而且正因为有了渴望被认可的心情，你才会更加努力地做事，因此从这个意义上看也不应予以否定。

我们本来就是从别人的认可中获得内心的安定。也正因为被认可而从孤独和寂寞中解脱。而且随着得到认可的积累，自信心大增，从而可以不必像以前那样极端渴望被认可。在达到这个阶段之前，最好还是保持着这种想法做事，努力去得到大家的认可吧。

第四章
人生の真理と
生活の芸術

48. 数字が人生のすべてではない

また、もうひとつ見落としてはいけないのが統計ではないだろうか。最近はあらゆる分野の統計が発表される。人生も、将来はこうなるなどと数字で出てくる。たとえばサラリーマンなら、定年退職が六十歳。その後、第二の職場で何歳まで、退職金は何千万円。奥さんと子供二人。郊外に土地付きの家があり、ローンの返済は何歳まで、月一回ゴルフ、小遣いいくら……という具合である。

こうなると、「自分の人生ってこんなものか。それなら無理して働くよりもできるだけ失敗のないよう、うまく生きたほうが賢明ではないか」と思い込んでも決しておかしくはない。とりわけ、そうした統計が新聞の活字になると、疑うことなく至極あっさりと私たちは信じてしまうところがある。

だが、人生というものは、数字で表されるほど単純なものではない。それに私たちは未来を完全には予測できない。むしろ何が起こるかわからないのが人生なのである。

人間は将来を見越して計画を立てることができる。老後に備えて準備することもとても大切なことだ。その点、統計はとても有益である。しかし統計の数字が人生のすべてを教示してくれているわけでは毛頭ない。

もし自分の人生を先取りして、「どうせ人生はこんなものだ」と決めつけたとしたら実に傲慢な考えだし、ひとつしかない生命をこれほど軽んじていることはない。とかく、自分の人生が見えたつもりになっていると、要領よく生きたほうがベターだし器用にやったほうがいい、と考えるようになることは間違いないと思われる。

器用に生きたい、要領よく仕事をしたいという願望をもっている人は多い。そこで、器用に生きて、果たして本当に生きる喜びを心から私たちは感じることができるのかを考察してみる必要があるのではないか。さもないと、要領よく生きるのがただ悪いといわれても納得できないと思うのである。

难词注解

至極：极，最，非常
教示：执教，指点，教给
毛頭（ない）：丝毫（不），一点儿也（不）
兎角：动辄，不知不觉之间

参考译文

数字代表不了人生的全部

有一个点是不容忽视的，那就是“统计”。近来，统计数据几乎充斥了各个领域，就连人生将来会如何，也都有数据表明。诸如：工薪阶层的职员们六十岁可以退休，之后在第二职业中可以工作到多大年龄，退休金将会有几千万日元。有妻子和两个孩子，在郊外拥有附带土地的私人住宅，购房贷款要归还至多少岁为止，每个月可以打一次高尔夫球，零花钱有多少……都有极具体的详尽的数据表明。

这样一来，陷入“我自己的一生，不过如此而已啊！这样的话，与其去拼搏奋斗，倒不如把失败降到最低，好好地、舒服地活着，岂不是明智之举嘛！”的思维，也就是顺理成章的事情了。尤其是当这样的“统计”在报纸上用活字印刷出来后，将丝毫不被怀疑，轻而易举地就让我们相信了。

然而，“人生”并非是可以用数字简单地表示出来的。要知道我们对未来是根本无法预测的。也正是因为不知道会发生什么，才叫“人生”呢。

人预测将来从而制订计划，是能办到的。为年老时做这样那样的准备，当然也是十分必要的。从这一点来说，那“统计”是很有益的。然而“统计”的数字并不能告诉我们人生的全部内容。

假如人预测自己的人生，并断定“反正我的一生就是这么一回事儿啦”的话，那实在是十分怠慢的想法。属于自己的生命只有这么一次，坚决不可以如此草率对待。这种人动辄就产生“自以为看清了自己的人生，觉得还是活得精明些为妙，做事老成些为好”的想法。

正因为要精明地生活，圆滑地工作的人很多，所以我们有必要对这些精明、圆滑的人们是否果真能够体会到生活的喜乐，来进行一番考察。否则，一味批评他们的话，恐怕难以令人心悦诚服。

49. 後悔しない人生

人間は一回きりしか、この世に生まれてこない。原始時代に一度生まれ、二度目は鎌倉時代、三度目で昭和に生まれた——などという人は絶対に存在しない。だから一回きりの人生を心豊かに生きたいと誰もが願っているし、後悔のある人生をおくりたいなどと望む人はいないと思うのである。

しかし、それならなおのこと、学ぶべきことがあるはずだ。不思議なことに、よりよい人生を欲していながら人生をいかに生きたら後悔なくおくれるのかを真剣に考えている人は、意外に少ない気がしてならない。

松原泰道先生をお招きして、静岡で百五十回辻説法記念講演会が行われたことがあった。そのとき某新聞社の若き女性記者が取材に来た。記者が私に、

「辻説法って何をやるのですか？」

と聞くので、

「人生をいかに生きるか、皆で学ぶのだよ」

と答えた。すると、

「へえ、人生をいかに生きるかを勉強するために、こんなにたくさんの人が集まってくるのですか。私なんかそんなこと考えたこともないわ」

と不思議そうな顔つきをした。こちらこそ彼女の発言に驚いて、

「えっ、それじゃ毎日、何を考えて生きているの？」

「別に、なんとなくかしら。私の友達も皆そうじゃないかしら」

「でも人間は一度しか生まれてこないのに、いかに生きるかを勉強しなくても大丈夫だろうか。テニスだって上達するには先生に

ついて、きちっと基本を練習しなかったらダメでしょう。はるかに難しい人生で、何も学ばなくていいと考えるほうがよほどおかしくないかなあ？」

「うーん、そう言われるとそうかもしれない」

「あなた、今日は取材なんかやめて辻説法を聞きなさいよ」

「はい、そうしたいんですが時間がなくて……すみません」

と彼女は軽く会釈すると、足早に去っていった。

难词注解

辻説法：路边说法，路边布道

会釈：解释，辩解

足早：快，快步

参考译文

无悔的人生

人降生到这个世界上仅有这一次。如果说原始时代降生一次，到镰仓时代再出生第二次，昭和时代还能第三次降生于人间的人是绝对不会存在的。所以在这仅有一次的人生当中，谁都期待可以度过心灵充实的人生，不想留下遗憾。

如果要想度过一个无悔的人生，应该还是有不少可以学习借鉴的。不可思议的是，尽管人们都渴望更加完美的人生，但认真思考过如何才能做到人生无怨无悔的人，却是凤毛麟角。

我曾邀请了松原泰道先生（原临济宗妙心寺派的教学部长）来静冈，举办了第150回（路边说法）纪念讲演会。当时有一家报社的青年女记者来采访，那位女记者向我提问道："路边说法是干什么的呢？"

我回答说："大家都来学习人的一生应该怎么个活法呀。"她露出不可思议的神态说："啊！为了学习人应当怎么活着，就聚集了这么多人来啊！我可从来也没考虑过什么人生之类的事……"

这回轮到我惊讶了，于是问道："噢，那么您每天都在想些什么来过日子呢？"

"我好像没特别想过什么，我的朋友恐怕也都是这样的吧……"

"可是，人的生命只有一次，怎么可以不去学习如何善度人生呢？即便是打打网球，要打得好，也得跟随老师学，不认真进行基本训练恐怕也是不行的吧？何况纷繁复杂的人生呢？认为什么都不用学的想法，难道不奇怪吗？"

"嗯，您这么说，好像也真的有些道理……"

"您今天不妨不作采访，听一听说法讲道吧！"

"噢，我是想听一听，可是没有时间……对不起"。

她只是轻描淡写地托词了一句，鞋底抹油，溜走了。

50. 人生の真理

ここで禅の公案をひとつ紹介したい。

五祖曰く、「譬えば水牯牛の窓櫺を過ぐるが如き、頭格四蹄都て過ぎ了るに、甚麽に因ってか尾巴過ぐることを得ざる」

(『無門関』第三十八則)

この意味は＜五祖法演禅師(北宋の僧)が言う。「たとえば水牛が格子窓を過ぎるとき、頭も角も四本の足も、すべてすーっと通り過ぎたのに、どういうわけか、尻尾だけは通り過ぎることはできない。なぜか?」＞というものだ。

常識的に考えれば、大きな水牛の身体が格子に引っかかることはあっても、はるかに小さな尾が引っかかり、通れないことはあり得ない。公案はこのように、論理的には絶対に解釈できない仕組みになっている。論理を超えたところに人生の真理があると考えるからだ。人生は決して数学の定理のようには解けない。何が起こるかわからないのが人生だし、人間の心も不可解そのもので、しかも天気のように変わりやすい。それはなぜか。人間の心には、どうしようもなく人を支配する力があるからである。例えばフロイトは、人間の感情は両極端なものを有していると指摘する。すなわち、愛する人に引かれる力と反発する力が同時に働くというのだ。人間の無意識の世界に、自己愛がうごめいているからであろう。これを仏教では無明という。この闇の力が、生まれも育ちも才能も顔も……何もかも違う人間の根底にある。これが人生を不合理なものにしていく。この無明を一刀のもとに断ち切る武器が公案なのである。

禅の高い境地からの公案の見解はさておき、ここではこの水牯牛の公案を人生論的に考えてみたい。もっといえば、内向型の人間の問題として次のように解釈してみたい。

「人生の様々な出来事や、それに伴って起こる障害という格子を通るとき、他人がすーっと通っているのに自分だけは引っかかり苦労している。あなたはその原因を探求してみたことがあるか？」

先の『無門関』という禅の本を書いた無門慧開という禅者も、「この水牛の尻尾をよくよく考案してみなくてはいけない」と評している。尻尾とは何なのか？水牛の尻尾と私たちにはどんな関わりがあるのだろうか？

难词注解

うごめく：蠕动，蠢动

参考译文

人生的真理

在此，想给人家介绍一个参禅的课题。

五祖曰：譬如水牯牛过窗棂，头角四蹄都过了。因甚么，尾巴过不得？(《无门关》第三十八则)

意思是这样的，五祖法演禅师(北宋僧)说："比如说一头水牛要过格子窗，头、角、四只蹄子都嗖的一下过去了，只有尾巴过不去，这是为什么呢？"

按照常理思考的话，水牛的大身体可能会卡在格子窗过不去，但小尾巴是不可能卡住过不去的。像这样，参禅的课题会选择逻辑上绝对无法解释的东西。这是因为他们认为不合逻辑的地方有人生的真理。人生不可能像数学的定理那样可以解开。不知道会发生什么，这才是人生。人心也是不可解的，它就像天气一样变化无常。这是为什么呢？这是因为人的心中有一种力量在支配着人们。比如弗洛伊德指出人类的感情有两个极端，即被自己所爱的人牵引的力量和与之抗拒的力量同时存在。这可能是因为在人的无意识的世界中，自恋情结在蠢蠢欲动的缘故吧。这在佛教中称为“无明”（愚昧）。这种黑暗中的力量，存在于出生、成长、才能、容貌……什么都不同的人的根底。它使人生变得不合理。将这种“无明”一刀切断的武器是参禅课题。

我们姑且不从禅宗的高境界来看这个参禅课题，这里先从人生论的角度来思考一下水牛的参禅课题。更进一步说，想把它作为内向型的人的问题来做以下解释。

“我们在遭遇人生中发生的种种事情，碰到随之产生的种种障碍时，别人都能很快顺利通过，而自己却总是卡住，吃尽苦头。你是否曾探求过其中的原因呢？”

前面提到的《无门关》这本禅书是一个名叫无门慧开的禅者写的，他在书中评论道：“必须好好思考这根水牛尾巴。”尾巴是什么呢？水牛的尾巴和我们有什么关系呢？

51. 頭だけでなく、身体ごと理解しなさい

五祖禅師の水牯牛の尻尾の公案を引用し、自分の尻尾を発見することの大切さを述べてきたが、実際は大変難しい。尻尾がこれだと理屈でわかっただけでは、日常生活では活かせない。ものには熟するときがあるので、自分の尻尾を忘れまいと常に戒めていけばしだいに身につきそうなものだ。しかしその教えが身体中に染み込み、肝心なときに活かせるようになるには時間がかかる。

私自身、何年か禅の修行をしてきて、自分の尻尾は何かはわかっているつもりであった。ところが、以前、仲間とある会を結成したとき、人間関係でE氏と同じような過ちを犯したのだ。その会の初代会長に選ばれた私は、いろいろな事業を企画し展開していこうと燃えていた。ところが、自分が最も信頼していた人から厳しく非難されたのだ。予想もしなかっただけに相当ショックであった。

私の性格はどちらかといえば内向型、もう少し正確に言うとネアカ内向型であると思う。だからその人の言動から、今まで彼が私のことをどのように思っていたかがわかり腹が立った。私なりにずいぶんと彼に神経を使ってきたからいっそうであった。彼の一言一句が寝ている間にも頭に浮かんできて、よく眠れない日が続いた。

私は、「未熟な者が諸先輩をさしおいて、会長にさせてもらって」と言いながら、自分の尻尾が、E氏と同様に「未熟さについての無自覚」であることがわかっていなかったのだ。頭で理解したのと身体ごとわかるのでは次元が違うのである。彼とは三年ほどしてようやく人間関係を修復できたが、とにかく私のような生半可な悟り方はかえって危険なのだ。

自分の尻尾を自覚することは大事だが、内向型の性格を全面的に変えようとするのではなく、逆にそのまま活かして、人間関係や仕事や人生を豊かにする方法はないかと思うのである。

そこで、内向型固有の特質を人生の苦悩の中で会得して、実生活に活かした人々を紹介し、彼らの知恵を学んでみたい。

难词注解

生半可：不彻底，不熟练，未成熟

参考译文

不要仅用大脑，要全身心地去理解

以上引用五祖禅师水牯牛尾巴的参禅课题，阐述了发现自己尾巴的重要性，但事实上这是非常难的。光是理论上知道尾巴为何物，在日常生活中是无法活用的。事物都有成熟的时候，所以只要不断地提醒自己勿忘自己的尾巴，就能逐渐变为自己的东西。但是，这些教训要彻底铭刻于心，在重要的时候发挥作用还需要很长的时间。

我本身参了几年禅，自认为知道自己的尾巴。但是，以前和朋友一起组织成立一个会的时候，在人际关系方面犯了和E氏一样的错误。我被选为那个会的第一任会长，满腔热情地计划开展各种事业，但是却受到了自己最信赖的人的严厉指责。这是我想都没想到的，所以打击相当大。

说起来我的性格属于内向型，再稍微准确一点来讲的话，属于本性开朗内向型。所以当从那个人的言辞中知道了以前他对我的看法的时候，我非常生气。而且我之前在他面前一直很注意自己的行为，这就更令人生气了。他的每一句话就连躺着都会浮现在脑海中，搅得我连日难眠。

我虽然嘴上说着“让我这样不成熟的人超越了各位学长，当上会长，实在是……”但是，我和E氏一样没有觉察到自己的尾巴是“没有意识到自己的不成熟”。头脑中的理解和全身心的理解不可同日而语。大约过了三年我才和他恢复了关系。总之，像我这样不彻底的觉悟方式反而危险。

觉察到自己的尾巴是很重要的，但是有没有一种办法可以不用全面改变内向的性格，相反可以活用它，让人际关系、工作、人生变得丰富多彩呢？

下面我想介绍一些人，他们在人生的烦恼中体会到内向型的人固有的特质，并将其活用到了现实生活中。我想学习他们的智慧。

52. 人間の問題をなぜ追究しないのか?

ある方から聞いた言葉である。

「マスコミに代表されるように、私たちは『問題の人間』についてはいろいろと批判をしたり非難をするけれど、『人間の問題』について自ら問う人は極めて少ない」

なるほど、世間に注目されている人や醜聞をかき立てられている人、いわゆる問題の人には誰でも興味をもつ。けれども人間にとっていかに生きるべきかという最も根本的な問い、人間の問題について深めようとする人はあまり多くないに違いない。あの女性記者のような考えで生きている人が大半なのかもしれない。

自分自身の人生哲学を確立していない人は、他人の生き方を模倣したり、世間の風潮に追従しやすいものである。そういう人は幸福そうな人の一面だけを見て、わが身と比べてみじめになったり、今の境遇に追い込んだ犯人を勝手に捏造して恨み言をぶつけないと気がすまないところがある。そのくせ、他人の見えない努力や苦労を想像することはまずしないものである。その結果、気楽で無理しないよう、日々を繰り返すことになるのではないだろうか。

とくに現代は、そうあくせく働かなくても生活できる時代である。おそらく今後、いかに生きるべきかを考えない人がますます増えるに違いない。日本人の生活にブランド商品が、蔓延しているが、人生もブランド化されたものを捜し求めていく時代にそのうちなるのではないだろうか。

难词注解

模倣: 模仿

風潮(ふうちょう)：潮流，风潮

追従(ついじゅう)：追随，跟从

かき立(た)つ：搅起，掀起

醜聞(しゅうぶん)：丑闻，流言

参考译文

为什么不追究一下“人的问题”呢？

有一位先生如此说道：以新闻界为代表，我们对“有问题的人”都在进行各种各样的批评，乃至责难。可是对“人的问题”却极少有人去自我反省和追问。

的确，我们对受人瞩目或掀起丑闻的人也就是那些“有问题的人”都很感兴趣。但是对于人应该如何生活这一最根本性的问题，却很少有人问津和深究，就如同前面提到的女记者那样的人也许是大多数吧。

没能确立自身人生哲学的人，就容易去模仿别人的生活方式，逐风头，赶浪潮，随波逐流。这种人只看到别人幸福的一面，比较自身，就会觉得自己很悲惨。于是胡乱造出把自己逼到今天境遇的“犯人”，对其发泄怨恨才能释怀。因此，对别人的那些默默的努力和辛劳，连想象一下都不肯。其结果，轻松怠惰、不思进取，日复一日，年复一年，万事蹉跎下去了。

尤其是现代社会，不用那么拼命劳作，生活就能维系下去了。恐怕今后不去思考如何度过此生的人，一定会逐渐增多的。日本人在生活中追求奢侈的名牌商品的习气正在蔓延，恐怕将来会发展到连人生也要追求品牌的奢侈腐化的时代吧。

53. バカにならないと、人生は空虚になる

それから約半年後に、大きな法要があって出斎(食事)の準備を手伝った。危ない手つきで野菜を包丁で刻んでいると、先輩の雲水が、「野菜を刻むことは心を刻むことだよ」と私にさりげなく教えてくれた。私は思わずハッとした。その言葉を何回もかみしめているうちに、今までの修行観が偏見であったことに気づいたのである。

イヤな仕事と思えば、野菜を刻むのもいい加減になる。好き嫌いの感情がそのまま現れる。一方、心をこめて刻めば、野菜の切り口もそれらしくなるものだ。

心の動きは、必ず立ち居振る舞いとなって現れる。心を調えようとすると実に難しい。しかし、姿勢をきちんとすると自然に心が落ち着いてくる。だから禅は、初心の者に形から入ることを教える。心と身体は不即不離、二つにして一つのものであるという真理が様々な修行のおかげで、私にもようやくわかってきた。勤労と心の修行は別物ではないことを納得できたのだ。

与えられた仕事、もっと言えば私たちの行住座臥すべてが修行である。それなくして修行はないと言ってもいい。それに、仕事自体は自分は得になる仕事だとか、つまらない仕事などと言わない。こちらの人間のほうが、勝手に分別し選択する。その結果、人間の感情や分別で仕事の内容が影響されてしまう。イヤイヤやった仕事はそれだけの内容でしかない。臨済宗の宗祖である臨済禅師の師・黄檗禅師は、『伝心法要』の中でこう導いている。

「但し心をして空ならしむれば、境は自ずから空なり」

自我だらけの感情や、要領よく生きたいという欲こそ敵だ。自

分をむなしくすることを学べ。そのためにはコツコツと、要領悪くやってみよ。バカになってやってみよう——と説得している。

自分のずるさを知るには、単純労働に限る。そのずるさを知ったぶん、人間は浄化される。僧堂の修行には、先人の知恵が込められているのだ。

老師も私たち雲水に、

「おまえさんたちは合理主義の名のもとに、ことをいかに効率よくなし遂げるかばかり考えているのではないか。バカになってやってみよ。バカになってやらないと人生は空虚になってしまうぞ。」

とよく言われた。仕事を効率よくやるとは無駄なことを極力やらないことだが、これにこだわりすぎると自分の力を出し惜しんでラクして働こうとする。すると労働の本当の喜びを知らず、給料のアップダウンに一喜一憂するだけの人生になるのではないだろうか。

难词注解

法要：＜佛＞法事，佛事

不即不離：不离不弃

行住坐臥：日常生活

一喜一憂：一喜一忧

参考译文

不变傻瓜，人生就变得空虚

那以后大约过了半年左右，有一次重大的法事活动，要准备茶饭，我去帮忙。我笨手笨脚拿菜刀切菜的时候一位修行僧前辈，对我说："切菜，也是'切'心啊！"他那若无其事的一句说教，让我不由得震撼了一下。我反复细心品味他的那句话，终于发现直到目前为止，我的修行观仍是局限在一种偏见之中。

不心甘情愿做事的话，就算切菜也会敷衍了事。是喜欢还是讨厌，情感就会如实地流露出来。相反如果用心去做，即使是切菜也能切得非常整齐。

内心的活动一定会表现在行为当中，要调整心态实在并非易事。但是如果你能采取一个正确的态度，自然心情就会平静下来。所以，坐禅对初学者来说是从"形"开始教起的。心和身，二者是不离不弃、合二为一的。我通过各种各样的修行，逐渐领悟到了肢体的辛劳和心灵的修行是不可分割的。

包括被分配来的工作在内，进一步讲，我们的坐卧行走所有的一切都是修行。如果没有这一切，修行也就无从谈及了。而且，工作本身不会说："这是有利可图的，那是枯燥无味的。"都是人任意地进行了划分。其结果是，由于人的情感和区分，而使工作受到了影响。在厌烦情绪下干的事情，剩下的也就只有厌烦。临济宗的祖师临济禅师的老师黄檗禅师在《传心法要》中这样教诲。

"平心心才净，净心境自空"

这是在劝导我们说：内心充满着自私，却期盼轻松生活的欲望是人生的大敌，自己要学会"无欲"，因此勤勤恳恳地尝试着让自己当一当傻瓜，才能达到忘我的境界……

要了解自己的狡猾程度，只有在单纯劳动过程中才能做到。理解自身狡猾程度的本身，才能使人生得到净化。僧堂的修行中，凝聚了先人的智慧。

老师还常常向我们这些修行僧们说："你们不要总是把合理当成借口，做事只考虑效率。你们要试着去当一当傻瓜，不去当傻瓜，人生就会变得空虚。"

高效率地工作，就是说尽可能地不做无用功，可一旦过分局限在这一境地之中，就会吝惜自己，不肯卖力，想要轻松地劳动，这样一来，就无法真正体会劳动的喜悦。工薪涨了则喜，工薪降了则忧，就会陷入这样的人生沉浮之中。

54. ハードな仕事が心を洗濯してくれる

修行道場は自給自足を前提としているので、畑で農作物を作る。畑を耕し、草を取り、肥えを汲み、農薬の散布もする。とくに肥汲みはしたくなかった。なんで肥汲みなんかしなくてはいけないのかと思った。トイレを水洗にしてくれればいいのにと、文句ばかり出た。

トイレで肥桶に人糞を汲む。いっぱい入れると重くて、てんびん棒が肩に食い込むので六分ぐらい入れる。先輩の雲水がちゃんと見ていて怒られる。仕方なしにいっぱい入れて山道をへっぴり腰でよろよろ歩いていく。

ピチャピチャと肥桶が揺れるたびに、肥が作務衣にひっかかる。顔にも手にも容赦なくかかる。あるとき、「こりゃあ、かなわん」と思って先輩のところへ行き、「あのー、肥のかからない方法はないでしょうか」と聞くと、

「アホー！お前は人のやる仕事をぜんぜん見ていないな。自分の目で見て覚えるものだ。甘ったれるな。」

こちらも必死だから、「なんとか教えてください」とさらに請う。

「おまえサーカスに行ったことがあるだろう。綱渡りを知っているだろう。綱をどうやって渡っているか？」

「はい、たしか爪先立ってチョンチョンと歩いていますね。」

「そう、あの要領だよ。」

藁をも摑むつもりで、言われた通りにやってみた。なるほど慣れるに従って、だいぶかからなくなってきた。でもやっぱりかかる。いつしか、とうとうあきらめた。「どうしてもかかるんだ。もうどうでもいいや」と開き直ったら、不思議なことにほとんどかからなく

なった。

何回かの肥汲みを終えると、ようやく休息させてもらえる。ある日、休息中にふと気づいたことがあった。こんなことはもっと慣れている人がやればいいじゃないか、と初めは思ったが、よくよく考えればイヤなことは人にやらせて自分は楽をしようなんて、ひどく貧しい心ではないだろうか。

肥汲みのおかげで、自分だけ要領よくやるためにイヤな仕事には無関心で、他人の傷みも思いやらない冷たい心の持主になっていたことが自認できた。これがトイレを水洗にしないひとつの理由ではないかと考えた。

三年目に入ると、肥汲みにも慣れ、様々な発見もあって、しだいに修行を苦痛と感じなくなっていった。が、ただひとつ最後まで慣れなかったものがある。

夕食は午後四時半だが、たまに出るのがカレーライス。先ほど汲んだものと同じ色をしているのだから、悲惨だ。

なにかしら臭ってくるような気がする。いくらカレーライスが好きな私でも食指が動かない。それこそ目をつぶって食べたものだ。

初めて道場のカレーを食べたとき、肉のようなものが歯にひっかかった。「あれ、肉じゃないか？道場では精進のはずなのに今日は特別なのか？」と期待したらコンニャクであった。でもコンニャクはカレーと合うらしく、とてもおいしかった。お金がないとき、カレーライスはコンニャク入りがいいようだ。

僧堂での数えきれないほどの失敗や人との衝突の中で、私はあらためて、自分は絶対に器用な人間ではない、要領悪くしか生きられない、自分のペースでコツコツやっていくしかない、と覚悟させられた。

要領よくやろうと思ってかえってつまずき、悔しい思いもたびたびしたが、厳しい修行中に様々な出会いが生まれ、生きていく上での不可欠な真理を身体ごと発見できたことは、何よりの収穫であった。

难词注解

請う(こう)：请求，乞求，希望

食指(しょくし)：食指；垂涎，起贪心

参考译文

辛苦的工作能够净化心灵

因为修行道场是以自给自足为前提的，所以要在农田里进行农耕。耕田、锄草、施肥、撒农药，什么活都得干，特别是挑粪施肥最令人头疼，我总抱怨为什么非得挑粪施肥不可呢？厕所应该建成水洗厕所等等。

把大粪从茅坑里掏上来，装在粪桶里，装满了太重，扁担会压得肩头受不了，于是装六成左右。可这样被老修行僧看见了就会挨骂。没办法，只好装满桶，猫着个腰，勉强挑起来，晃晃悠悠地向山路上走。

粪桶每晃荡一下，粪水就会啪嚓啪嚓飞溅出来，溅到工作服上，甚至有时会溅到脸上、手上，难以忍受。于是，到老僧跟前去请教："有没有沾不到粪的好方法呀？"

得到的回答是："蠢货，人家干的活，你全都看不见吗？要用你自己的眼睛去看，自己去学，别那么娇惯自己。"

我这时死乞白赖地求教："无论如何也请教教我吧。"

"你看过马戏吗？知道什么是走钢丝吧，钢丝是怎么走的呀？"

"啊，好像是踮着脚尖，一步一步稳住身子走过去的……"

"对啦，那就是窍门。"

我就像抓住了救命稻草似的，按他说的那样去做。的确，随着渐渐适应，基本上就不太溅得出来了。但是仍然免不了会有一些飞溅出来。不知道是什么时候就死心了，"反正无论如何也会溅出来，臭就臭着吧"，这样一想心情就放开了。心情一放开，不可思议的是，几乎就不会溅出来了。

不知道挑了多少回，粪挑完了总算能让我们休息一下了。有一天，正在休息，我突然意识到一件事。这种工作让那些早就习惯了的人去干不是更好嘛！一开始我这么想，可是再仔细想一想，不对呀，这么讨厌的工作让别人干，自己享清福，那不正是心灵匮乏的表现吗？

通过挑粪施肥这件事，我认识到自己面对辛苦工作时的拈轻怕重，面对别人痛苦时的漠不关心。领悟到为什么厕所不建成水洗厕所的原因之一了。

到了第三个年头，不仅习惯了挑粪施肥，还有各种各样的顿悟，修行的痛苦感觉也逐渐消失了。但是，只有一件事到最后我也没能习惯。

晚饭都是下午四点半进餐，有时候端上来的是咖喱饭——那和饭前挑来挑去的东西颜色相同，可真惨啊。

无论怎么样，总觉得有一股臭味飘来。再怎么喜欢吃咖喱饭的我，也没有食欲，那真是叫闭着眼睛吞下去的。

最初在道场吃到咖喱饭时，牙齿常能嚼到像肉一样的东西，心里期待着："啊，难道是肉吗？在道场里应当都是素斋的啊！难道今天是什么特殊的日子吗？"最后才知道是魔芋。不过这种魔芋与咖喱还挺相配的，很好吃。没钱的时候往咖喱饭中加些魔芋好像很不错。

在僧堂里，我就这样在数也数不清的失败和与他人的冲突中，重新审视了我自己，让我彻悟到我绝对是一个不精明的人，只能在不圆滑无要领之中生存，只能按自己的节奏，勤勤恳恳地向前走。

一想要要精明、找窍门反而被阻住路径，会出现许许多多追悔莫及的事情。唯有在严酷的修行中，在碰到的各种各样的困难中成长、进步，身体力行地发现人生的真谛，这才是我修行生活中最可贵的收获。

55. 要領の悪い人ほど “人の傷み” がわかる

さて、要領よく生きた場合と、要領悪く生きた場合と、それぞれにどういう長所や短所があるのかを整理してみたい。

◎ 要領のいい生き方(器用な生き方)

＜長所＞

◎ のみこみが早く、一回やればこなしてしまう。

◎ 相手の要求にすぐ対応できるから即戦力となる。

◎ 何でもこなせる自信があるので、劣等感に悩むことはほとんどない。前向きに生きられる。

◎ 自分の損にならないようによく考えたり、先の先まで成り行きを読んで行動できるので、落ち度もなく、ことがスムーズに進行する。

◎ 仕事も遊びも器用にやれるので、存分に楽しめる。

＜短所＞

◎ 有能と皆から思われているため、自信過剰で利口ぶりがち。

◎ 仕事が速いのはいいが、小さなミスも生まれる。

◎ 仕事は任されたぶんをやるがそれ以上はやらず、内容も深まりがあまり見られない。

◎ いつもスムーズにいくのが当たり前と思っているので、一度つまずくとなかなか立ち上がれない。

◎ 苦労がないし失敗も少ないから、他人の心の傷みをあまり感じられない。

◎ 計算ずくで考えるが、人間の判断力には限界があり、自信をもちすぎるとあとで困る。

◎ 無駄を嫌い、わが身を惜しみ、無理しなくなる。

要領の悪い生き方（不器用な生き方）

＜短所＞（こちらは短所から列記する）

◎ 器用な人が一回で終わるところを、二回、三回とやっても終わらないことがしばしばで、「のみこみ」に時間がかかる。それも、すぐには役に立たない。

◎ 何をやってもつまずくので、自分の無能さを嫌悪したり、劣等感で苦しむことも多い。

◎ 計算して物事を企画することがヘタ。

◎ 器用な人を羨ましく感じ、そう生きられたらもっと人生を楽しめるのにと不満が消えない。

＜長所＞

◎ 仕事は要領よくこなせないが、ゆっくりとていねいに、また真面目にやる。

◎ 失敗や挫折も多いのでそのたびに苦しむが、その試行錯誤の中で少しずつ何かを体得していく。そして独特な味のある技術や思考力を生む。ときには様々な道の名人が生まれる。つまり、先に述べたように器用にやるとは自分の力をほどほどに使うことだが、不器用に徹すると予想外の力を発揮する。

◎ 苦しむことも多いので悩むが、忍耐強くなる。

◎ 苦労しているので、人の傷みがよくわかるようになる。

まだまだ両者には長所と短所があるに違いない。読者は、要領の悪い人を擁護しすぎると感じられたかもしれない。私自身、要領の悪い人生のほうがよほど味のある人生だし、本物だと信じているから、要領の悪い人間の味方をするのは仕方がないだろう。しかし要領悪く生きるしかないと心が決定した人が好きなのであって、自分(じぶん)の要領(ようりょう)の悪(わる)いことや不器用(ぶきよう)なことに甘(あま)えている人(ひと)を応援(おうえん)する気持(きも)ちはさらさらない。

难词注解

存分(ぞんぶん)：尽量，尽情

利口(りこう)：机灵，能说会道

つまずく：跌跤，受挫

試行錯誤(しこうさくご)：不断摸索，反复试验

擁護(ようご)：拥护，维护

参考译文

不精明的人更能了解别人的痛楚

那么我们不妨把掌握要领精明生活的人和不得要领不会精明生活的人相互比较、梳理，对照一下孰优孰劣。

掌握要领会生活的人（生活精明的人）

长处：

·对事物的理解快，干什么事情，做过一次就能运用自如。

·能够立刻应对对方的要求，有随机应变的速战力。

·因为有可以处理好任何事情的自信，所以没有自卑的烦恼，有不断前进的生活态度。

·因为有躲避自己遭到损失的思考力，有先下手为强的迅速的行动力，所以就没有吃亏落伍的事，任何事都可以顺利完成。

·工作也好，消遣也好，都能自如地做好，能尽享欢乐。

短处：

·因为公认其有能力、常常容易过分自信，嘴尖舌快。

·做事迅速是好事，但往往小差错不断。

·委托给他的事情，他会做好，可超出一点就会斤斤计较不肯卖力，

做事往往缺乏深度。

•总是一帆风顺，就会认为这是理所应当的，一旦遇到挫折，很难重整旗鼓。

•因为没有艰苦奋斗，也很少有失败，很难理解感受到别人内心的伤痛。

•善于算计，但是人的判断力是有极限的，过度自信，有时难以收拾残局。

•讨厌徒劳，惜身惜命，缺乏奋斗精神。

不会找窍门，不会抓要领而生活的人（生活不精明的人）

短处：（这里从短处开始罗列）

•精明的人一次就能干完的事情，这种不精明的人经常两次、三次还干不完，常常需要花很多时间才能领会。并且，不能马上派上用场。

•做什么事情都会受阻，容易对自己的无能产生厌恶感和自卑感而苦恼。

•不善于算计和谋划。

•羡慕精明的人，往往认为如果能精明一点生活会更快乐，常常消除不了这种不满情绪。

长处：

•尽管抓不住要领，但是可以慢慢地、仔细认真地做事。

•失败、挫折多，每次虽然很苦恼，但是通过实践中的错误，一点一点地积累经验，从而蕴生出独特的技术、思考力。有时会诞生这一行的状元。也就是如前面说过的那样，精明的人使用自己的力量时适可而止，而不精明的人却能竭尽全力，有时甚至能发挥出自己意想不到的潜能。

•经受的烦恼和苦难多，因而忍耐力也就更强。

•因为经受过艰辛，能深入地理解别人的痛楚。

当然，两者的优劣之处还有很多很多，读者们也许会感到我过于偏袒“不精明”的一方。诚然，我自己坚信不精明的人生更有味道，是真实坦诚的人生，所以倾向于不精明的人，这实在是没办法。不过，我只是赞赏那些决心不找窍门、不抓要领而生活的人罢了，绝对不是姑息那些只要办事不力、便推委自己不会抓要领、不精明的人。

56. 気楽に生きるのが若い女性の本望

静岡で、「朝食会」という会を仲間と十年以上続けていた。毎週月曜日の朝六時半から八時まで、毎回テーマを決めてのフリートーキングで、様々な職種のメンバーが参加する。

ある銀行の中堅サラリーマンのAさんが、かつてこんなテーブルスピーチをしてくれた。

「最近の新入社員は、ほとんどが有名大学を卒業している。頭もいいし、テニスやスキー、ダンスや水泳と何でもできる。とくに遊ぶこと、人生を楽しむことは実にうまい。でも何か足りないのです。どういうところが足りないのかというと、競争心がない。精いっぱい仕事に打ち込もうという気持ちもあまりない。言われたことはやるけれど、それ以上は努力しない。ある意味では要領がいいというか、実に器用な生き方をするのです。」

私自身、常々、最近は器用に要領よく生きたいという願望が極めて強い時代だと思っているので、Aさんの話を聞いてなるほどと思ったものである。

また先日、車の中でラジオを聞いていたら、女性下着会社のワコールが実施した、二十歳から二十五歳までの欧米とわが国のオフィスレディの意識調査を流していた。その項目のひとつに職業意識があったのだが、欧米のオフィスレディのほとんどが「仕事に生き甲斐を見出しすたい」と答えた。ところが日本のオフィスレディの場合、「できるだけ気楽に生きたい、要領よく生きたい」という回答が多数を占めていたのだ。

これほど職業意識が異なるのはなぜであろうか。我々は欧米諸国に比べて戦後、物質的な豊かさばかりに関心が集中してしまい、人間としていかに生きるかとか、仕事と生き甲斐はどうかかわっているのかなどの根本的命題を看過してきたためかもしれない。厳しさを疎んじたため、自己啓発する努力を忘れてきたともいえそうだ。

难词注解

器用：精巧，手巧；精明
看過する：忽视；饶恕；过目
疎んじる：疏远，怠慢

参考译文

轻松度日是年轻女性的夙愿

在静冈，有一个叫做“早餐会”的聚会活动，已经持续十年以上了。每周一早晨六点半开始，到八点结束。每次确定一个主题自由攀谈，参加的人员几乎囊括了各行各业。

其中有一位某银行的业务骨干 A 先生，曾在这样的聚会上作了如下的即席发言：

“最近，新参加工作的职员几乎全是名牌大学的毕业生，他们头脑聪明，会打网球，会滑雪，会跳舞，会游泳，样样精通。他们都十分会玩，在追求人生的快乐方面，个个都是拔尖者，可是就是有那么一点点不足。如果要问是哪一点有所欠缺的话，就是缺乏上进心，没有那种鼓足干劲、兢兢业业干好工作的劲头。他们只完成分配下来的任务而已，除此之外不愿做任何努力。从某种意义上说是抓住了‘要领’，实际上是采取了一种实用主义的生活方式。”

我常常感到现代社会是人们追求安逸享乐生活的愿望极强的时代。听了 A 先生的讲话后，更加确信了。

前些日子，在车上听收音机。广播中说华歌尔女性内衣公司实施了一项社会调查，以二十岁至二十五岁之间的欧美和日本的职场女性为对象,调查项目的其中一项是关于职业意识的。欧美的职场女性几乎都回答说:“希望在工作中找到人生的价值”。可是日本的职场女性大多回答说:“尽可能地要活得轻松一些,活得明智一些”。

职业意识竟有如此程度的差异,原因何在呢?我们和欧美诸国比较一下也许就清楚了。战后,我们关心的焦点集中在物质如何如何丰富这一点上了,至于说人应当怎样善度一生,怎样理解和对待工作和人生价值间的关系,这样一个根本的命题却被忽视了。也可以说是人们遗忘了生存的严峻,逐渐疏忽了自我反省。

57.「ノルマ達成」を目標とするな

『ライスカレー』『北の国から』(ともに理論社刊)などの脚本で知られる、倉本聰さんというシナリオライターがいる。彼は北海道のちょうどオヘソのところにある富良野に塾をつくった。本物のライターや役者を育てようと考えたのだ。私も五年ほど前に富良野の近くの旭川に布教に行ったことがあるが、冬は零下二十度から三十度にもなる。本当に真冬は寒さで眼がしばれると当地のお坊さんも言っていた。真冬に、川の中に雪を積み重ねて水をかけると一晩で橋ができる。二トンぐらいのトラックが渡ってもびくともしない(この橋を氷橋という)。それほど厳寒のところである。

この富良野に塾をつくったところに、倉本さんの教育の基盤がある。すなわち俳優は格好いいからなりたいとか、単に倉本さんに憧れてライターを志望したとか、特にやりたいことがないので北海道でも行ってみようかとか、そういう安易な気持ちを拒絶しているのだ。

この塾では、いっさい授業料を取らない。東京で選抜された者が近くの農家や牧場にアルバイトに行き、そこで稼いだお金で木材や建築材料を買い、自分たちの手で管理事務所、稽古室、食堂、合宿場を建てる。そして維持し生活をする。こうして倉本さんの富良野塾は、ほとんど無一文に近い状態で出発した。

ある日、塾生がアルバイトをしている農家の人から苦情の電話が入る。塾生の誰々はもう寄こさないでくれというのである。

北海道の農場は広い。一畝一畝、自分の任された畝に立ち、タマネギの苗をはるかかなたまで植えつけていく。農家の人から文句を言われた塾生の植えたものは全部根がつかず枯れていた。彼らは、このアルバイトは金を得るための手段にすぎない、一日のノルマさえ果たせばいいと考えていた。アルバイトをさせてもらえるおかげで勉強ができるという感謝の念がないから、タマネギを植えるのに心がこもらない。農家の人もずいぶん辛抱強く使ってくれたが、とうとう色分けをせざるを得なかったのである。塾の維持費と生活費をこれらの労賃ですべてまかなっているのだから、これは大問題であった。倉本さんは農家の人に心から謝罪するしかなかった。

その頃、倉本さんの気持ちの中にも塾生に対して、ある種の色分けが徐々にできつつあった。その色分けとはむろん、シナリオライターや役者として伸びるか、それとも伸びる可能性がないかである。そして不思議なことに、倉本さんの色分けと先の農家の色分けは、ぴったり一致していた。

どういうことであろうか？倉本さんはこんな内容のことを書いている。

「役者が目指すのもライターが目指すのも、やはり富士山の山頂の景色だ。その山頂に立つトップクラスの姿を想い、自分も山頂をきわめたいと憧れる。大体の若者が富士山の五合目から頂上を見ている。しかし本当の物創りの道は、五合目からでなく一合目の裾野から、一歩一歩コツコツ登っていくものだ。三合目までバスとか五合目までヘリコプターでいく安易なやり方を、拒否する心が不可欠である。一合目から丹念に登るから、五合目に到達したとき、これからさらに険しい道を登る知恵と体力が身についている。」

このあとは、倉本さんの素晴らしい文をそのまま引用したほうがいい。

「五百メートル延々とつらなる北海道の長すぎる畝。朝その一端に膝をついたとき目的地を眺めたら気が遠くなる。しかしとにかくやらねばならない、その時。この一畝を早くあげよう。単にそう思ってしまう思考と、この一畝を作品として、一つずつ丹念に、子を創るように、苗の育ちを祈り植える行為と。

そこにはあまりに差がありはしないか。一本一本植える行為も、一字一字升目を埋めていく行為も、究 極 己を昂めて行く為の、裾野を登っていく行為であるのだ。」

（『谷は眠っていた』理論社刊）

难词注解

布教：传教

稽古：练习，排演，传授

畝：垄，凸条，涟漪

丹念：精心，细心

究 極：究竟，最终

参考译文

不要把"达到标准"作为目标

仓本聪作为电影剧本《咖喱饭》、《从北国来》（理论社出版）的剧本作家，被大家所熟知。他在北海道中部一个叫作富良野的地方创办了一所私塾，想要在那里培育真正的作家和演员。

我大约五年以前，也去过富良野附近的旭川，在那里宣教。那里冬天可以达到零下二三十度。当地的和尚告诉我，冬天真的连眼睛都会被冻住。三九天河面上积满了雪，如果往积雪上泼水的话，一夜之间就可变成桥，即使是两吨左右的卡车从冰桥上过都不用害怕桥会塌。那里就是寒冷到如此地步。

仓本先生创立私塾时，有仓本先生的教育理念。目的在于把那些认为演员很酷就想当演员的、单单是崇拜仓本就想当剧作家的或是没什么要做的事只是去北道海看看的悠闲之人拒之门外。

在这个私塾里上学，一切都是免费的，让那些从东京被选拔来的青年人去附近农户或者牧场打短工，拿赚回来的钱买木材和建筑材料，再让他们自己亲手建造办公室、排练室、食堂以及宿舍等。并且用这些钱来维持生活支出。可以说仓本先生的富良野私塾是白手起家的。

有一天雇佣学员打工的农户打来了"告状"电话，说再也不要让某某学生来打工了。

北海道的农场非常大，土地广阔。一垄一垄的土地，都是放手让干活的人把洋葱苗从这边一直栽带到地头。被抱怨的那个学员栽的作物全部不生根，枯死了。学员认为打这样的短工只不过是一种挣钱的手段而已，只要能完成一天的任务就行了。没有认识到通过打工，才得到学习的机会，而应心存感激。所以栽洋葱时并不用心。农户也已经尽量容忍了，但还是到了忍无可忍的地步，才不得以区别对待、留舍有别了。因为这所私塾的经费和生活费都得靠打工的工薪来维持，这可是生死攸关的问题，仓本只有诚心前往农户家里谢罪致歉。

那时起，仓本先生对塾生们也渐渐开始了区别对待。说是区别对待，就是甄别哪些学生能发展成电影剧本作者，哪些学生能发展成演员，或者哪些是毫无出息、不可造就者。最让人不可思议的是，仓本先生的这一甄别结果竟然和农户的留舍如出一辙。

这到底是怎么一回事呢?仓本先生写了如下文章：

"理想是当演员也好，当作家也好，都宛如观览富士山顶峰的景色。因为憧憬攀登到顶峰，自己才朝着这个方向努力的。但是，大部分年轻人都是从富士山的半山腰（五号里程石）登到山顶的。而真正的建树之路，不应该是从半山腰那一段开始攀登的，而是要从山脚（一号里程石）开始，一步一步脚踏实地地攀登上去才行。非得有抛弃那种乘汽车先到第三段（三号里程石），或者乘直升飞机直接到达第五段（五号里程石）的安逸之心不可。只有一心一意从山脚开始攀登，到达了第五段之后，才能够积累继续向上爬更加险峻山路的智慧和充足的体力。"

下面我想原封不动地引用一段仓本先生的文章，能更好地说明这一道理。

"北海道那里有长达五百米的田垄，早晨，在垄的一端蹲下来放眼目的地那一端时，心情沉甸甸的，然而不干又不行，这时真想把一块地快干完才好。思想里就把这垄地当成'作品'，一个一个认真做，像养育小孩一样，期盼着培育出一棵棵茁壮的小苗。

一棵一棵地插秧、育苗，一个字一个字地填写稿纸，恐怕没有什么实质差别吧。不都是为了磨砺自己，从山脚下开始往上攀登的过程吗？”

（《沉睡的山谷》理论社出版）

58. 何が起こるかわからないのが人生

現代は高度情報社会といわれる。テレビ、ラジオ、新聞、週刊誌などからの情報が、これでもかとばかりに私たちの生活に侵入してくる。テレビをオンすれば、タレントや俳優の結婚や離婚、さらには醜聞から、旅やグルメ、スポーツの楽しみ方、家庭でのトラブル、外国のファッション、運勢や霊、財テクの方法、世界的大事件、性の悩み……ありとあらゆる情報を茶の間で得られるのだ。しかし、私たちに欠かせない情報とは、一体どれだけあるのだろう。大半はガラクタやクズまがいの情報ではないか、そんな気がしてならないのである。

坐禅会に参加したサラリーマンのBさんが実に興味深い話をしてくれた。

会社で、四十歳の社員のための研修が行われた。その際、四十歳は人生の折り返し地点であり、その意味から、これから先の人生をいかに生きていくかというレポートを提出させられたという。仕事に関する知識なら必要に迫られて勉強してきたからたっぷりある。ところが、これからの人生となると、正直言って何が起こるかわからない、そんなレポートなんか書けるわけがない、とBさんは当初考えた。

だが、Bさんの頭の中には、仕事で大きなミスをするかもしれない、子どもや妻が病気になったら、退職後の第二の職場は、その後の生活はどうなるのか、万一自分が寝込んだり、死んだら妻子はなどと心配事がいくつも浮かんできた。

どんな苦しいことがあっても、人間らしく生きていきたい。ちょっぴり贅沢もしてみたい。そのための情報をどれだけもっているかと聞かれたらまことに心もとない。とりわけ、人間としていかに生きるべきか、という情報は今まで無関心であったためか実に少なくて不安を禁じえなかった、ともBさんは話してくれた。

Bさんの言うように、人生は何が起こるかは本当にわからない。思いもよらぬことでも、めでたいことや幸運ばかり来てくれるのなら結構だが、人生はこちらの望む方向にはなかなかいかない。それればかりか、不運な出来事や絶望的な状況にも遭遇する。それを人力では避けられないのが人生だといっても決して過言ではない。

誰でも幸運を欲し、不運は来てほしくないが、もし後者が不可避的なものなら、どう対応したらよいのか？まず、真剣に心の準備をしておくべきだ。不幸をどう受けとめたら、自分を見失わずにじっと耐えられるのか。そして、たとえ時間がかかっても、少しずつでも前向きに生きられるようになるのか。そのためには、自分のささえとなる人生の教えを学ぶことが、やはり必要ではないだろうか。

不測な出来事には対処しようがないし、遭遇したとき考えるしかない。そんなことで頭を悩ますより、人生を楽しんだほうがよほどいい……と考えたり、物事は順調に進んでいくのが当然で、そうならないのはおかしいと感じるとしたら、人生に対してとても不真面目な態度ではないか、と思うのである。

难词注解

グルメ： 美食家

ガラクタ: 不值钱的，破烂儿

まがい: 假，伪造，难以辨认

参考译文

变幻莫测的才叫人生

现在社会被称为高度信息社会。电视、收音机、报纸、周刊杂志中的信息，源源不断地充斥着我们的生活。一打开电视，从演员明星的结婚、离婚甚至丑闻到旅行、美食、体育节目欣赏，还有家庭矛盾、外国时装、星象占卜、理财、世界时事要闻、性问题等等包罗万象的信息在茶余饭后就可以随意获取。然而，对我们有用的信息究竟有多少呢?难道不多是一些无用的、虚假的垃圾信息吗?这种感觉尤为强烈。

参加坐禅会的 B 先生讲了一段意味深长的话。

公司组织了40岁员工的研修。40岁是人生的折返点，从这个意义上讲，以如何度过今后的人生为题，要求大家提交一篇报告。假如是有关工作方面的，迫于工作需要倒是学习了很多。然而，命题是关于今后不可预测的人生的，B 先生当时觉得这样的文章根本没法下笔。

不过，B 先生头脑里浮现出了诸多担心的问题。假如工作中犯了重大过失，假如孩子、妻子得了重病，退休后的第二工作岗位怎么办，今后的生活会是怎样，万一自己病倒或死了的话，妻子该怎么办等。

不管多么艰难困苦，也想活得像个人样。也想稍微奢侈一下。当被问到为了达到这些梦想拥有多少信息知识时，实在是心里没底。特别是作为人应该如何度过人生的知识，可能因为不关心，实在是很少，不由得让我觉得很不安。B 先生也这样对我说。

正如 B 先生所说，人生叵测，意想不到的、喜出望外的要都是幸运的事还好。可是人生往往不尽如人意，不但如此，更会遭遇不幸和绝望。人力所无法避免的才叫人生，的确不为言过。

谁都渴望幸运，不想遭遇不幸。假设后者是不可避免的话，如何应对才好呢?首先应当认真仔细地做好心理准备。遭遇不幸时怎么做才能不失去自我呢?能做到即使花很多时间，也要一步一步向前看，逐渐恢复正常的生活吗?要想做到这些，学习作为自己支柱的人生教程还是十分必要的。

“突发事件是无法事先应对的，只有遇到的时候才考虑了。与其杞人忧天，不如享乐当下的人生。事物都是会顺利发展的，否则才奇怪呢。”我以为这种想法是对人生不负责任的态度。

59. 心配はしても、心痛はするな

二番目は、クヨクヨと心痛するよりも心配せよということだ。「心痛はしてはいかんが、心配は大切だ。心配とは心を配ることだ」とは先の山本玄峰老師の言葉だ。私たちは心配りを忘れて心痛しがちである。

修行道場に入り、初めて臘八大摂心を体験したときのことだ。臘八大摂心とは、十二月一日から八日の鶏明(午前二時)までほとんど不眠不休で坐禅をする修行期間のことで、一年で最も過酷な行である。私は大摂心が近づくにつれて、しだいに気が重くなってきた。自分の身体が一週間も果たしてもつだろうか。一日の睡眠時間は二時間だが、寝つきの悪い私などは実質一時間しか眠れない。大学時代、一日くらいは徹夜したことがあるが一週間はない。まったく自信がない。しかも、小摂心(大摂心に比べて坐禅の時間が短い)でも足が痛くてかなわないのに、一日に二十時間ぐらいも坐禅をやる。これは我慢できそうにない。

大摂心の前の休息日に、薬屋に駆け込んでビタミン剤やら栄養剤を一週間分買った。薬の助けを借りてなんとか大摂心を頑張るしかないと思った。そのくらいの知恵しか浮かんでこなかったのだ。

ついに大摂心に突入する。ひどく眠たいし、足も痛い……本当にきつかった。我慢に我慢を重ねたが、どうにか一週間もった。

終わって気づいたのは、思ったほど薬を飲まなくてすみ、身体はかなり順応性があるなあ、ということだ。素直に身体に感謝したくなった。この大摂心をなんとかやり遂げ、ようやく僧堂生活を続けられそうだなと感じた。

それとともに薬のような外物に頼っているようではダメなのではないかとも思った。大摂心を乗り切るためにはどんな準備をしたらよいのかという、もっと根本的な事柄を考えてみないと、大摂心を四苦八苦して終えるだけで少しも成長がないことを実感した。

例えば体調が悪くなることもあるし、風邪をひくこともある。いったん悪くなると修行どころではなくなるから、可能な限り未然に防いだほうがいいことは当然だ。薬を飲んでもいいのである。

しかし問題はそんなことではなくて、とても難しいことだが、大摂心を乗り切れる自分を育てることだ。そのために、大摂心の前の小摂心の間は、正規の坐禅の時間以外でも、できる限り坐禅をする。さらに、一週間寝なくても死にはしないという気迫をもちたいものだ。

大摂心の前から、充分に睡眠をとらないと一週間もつわけがないという不安をもち、勝手に心を痛める——これでは大摂心の始まる前から、気持ちのうえで完全に負けているではないか。不安や心配が先行すると、そちらのほうにエネルギーが流れていき、工夫や心配りができなくなるものなのだ。

难词注解

四苦八苦: (佛)四苦八苦;非常苦恼,所有的苦恼

気迫: 气概,气魄;精神

参考译文

即使担心也不要忧虑

第二点,与其烦恼忧虑还不如去担心吧。刚刚提到过的山本玄峰先生说过:"不许忧虑心痛,可是担心是很重要的。担心就是注意、关注"。

我们若是疏忽大意就容易烦恼忧虑。

记得那是我进入修行道场后第一次体验腊八大摄心。所谓的腊八大摄心就是从12月1日开始到12月8日早上两点钟为止，在这期间几乎是没日没夜地坐禅，是一年中最残酷的修行。随着大摄心之日的临近，我的心情渐渐沉重起来。自己的身体到底支撑得了一星期吗？每天的睡眠时间是两个小时，而我的睡性不好，实际只能睡一个小时。虽然大学时期也曾经通宵不睡觉，但只是一天而已，还从来没有尝试过一个星期。全然没有自信啊。况且，小摄心（与大摄心相比坐禅的时间较短）的时候我的脚就已经痛得不行，（大摄心）每天要坐禅20个小时，那几乎是无法忍受的。

大摄心前的休息日，我跑去药店买了一周用量的维他命和营养剂。试图借助药物的力量来撑过大摄心。这是我当时唯一能想到的办法了。

终于进入大摄心了。很想睡觉，脚也疼……真的是十分痛苦。我忍着忍着，总算熬过了一星期。

末了才发现，这期间我没怎么吃那些药就挺过来了，身体的适应性还真是强啊。我想好好地感谢一下自己的身体。通过了大摄心的考验，我觉得我终于能够继续我的僧堂生活了。

同时我也认识到不能单纯地依赖药物之类的外界事物。我切身体会到如果不思考诸如为了通过大摄心的考验该做什么准备之类的更为根本性的问题的话，那么就只能跌跌撞撞地熬过大摄心却丝毫没有长进。

比如说人会身体不适、会感冒，一旦生病了就无法修行，所以应该尽可能防患于未然。可以先吃点药（预防）。

但是问题并不在于此，难的是要磨炼自身，使自己能顺利地通过大摄心的考验。为此，在大摄心之前的小摄心期间，除了规定的坐禅时间外，应该尽可能再多坐一会儿禅，进而赋予自身那种即使是一周不睡觉也死不了的气魄。

大摄心之前就开始不安，如果睡眠不充足肯定撑不过一个星期。就这样轻易地让自己烦恼起来。其实这种做法预示着大摄心还没有开始，你在心理上就已经失败了。如果让烦恼和担心的情绪抢了先，那么你的能量会慢慢流失，也无力去寻找解决办法了。

60. ほどほどの喜怒哀楽でいいのか

良寛は十八歳のときについに剃髪する。二十二歳のとき、玉島(岡山県)の円通寺に行き国仙和尚の弟子となり、三十四歳まで十二年間、本格的に禅の修行に身を投じた。その後、諸国を行脚したが、三十八歳のときに父が京都で自殺し、大変なショックを受けた。京都で父の法要を済まし、久しぶりで越後に帰るが、生家には戻らず、また寺にも住さず、一生、小庵を転々とした。

越後での日々も、決して平穏なものではなかった。特に生家の没落という悲劇が良寛にはひどくこたえた。名主の資格争いでライバルの京屋に破れ、良寛が五十三歳のとき、とうとう橘屋は家財没収、所払いの厳しい処分を受けた。

出家した良寛といえども、この争いの渦中に無縁というわけにはいかず、人間の憎悪感情の底なしの深さ、身内の没落と苦悩——どれを取っても悲しく、哀れに思った。限られたときしか生きられない人間が、なぜこれほどまでに憎み合うのか。思うにそれは自己愛に起因した是非得失の心にある。「恐るべきは、人の心なり」とまで良寛は嘆息している。

人間のどうにもならない性が、内向的な良寛をして、人づき合いをいよいよ嫌わせ、ヘタにさせたのではないだろうか。しかし良寛は、決して人間嫌いにはならなかった。それどころか、弱い者たち、とくに子供が好きで好きでたまらなかった。それにも増して胸を打たれるのは、友への熱き思いであった。

良寛が五十一歳のとき、親友の左一と僧の有願が相次いで病没した。そのときの思いを読んだ「病中」という漢詩がある。

左一　我を棄てて　何処にか之く
有願　あい次いで　黄泉に帰す
空床　ただ　一枕を余して在り
遍界　寥々として　知音　稀なり

＜左一も有願も私をおいて、逝ってしまった。私の庵によく泊まりにきてくれたが、そのとき使った布団も枕も余分になってしまった。世の中は広いはずなのに、心おきなく語り合える友はほとんどいない。本当にこの寂しさはやりきれない＞——良寛の悲痛が伝わってくるではないか。

良寛は悲しみのあまりに病床に伏してしまったという。私たちは友の死に、いや身近な人の死に、病気になって寝込むくらい悲しんだ経験があるだろうか。私たちが到底かなわないのは、どこまでも正直に、どこまでも悲しみに、どこまでも楽しみに、どこまでも慈しみに徹して生きた良寛の一途な人生にある。そのさわやかさがふれ合った人の心を洗い、時代を超えて人々を引きつけてやまないのではなかろうか。

难词注解

ほどほど: 过得去;适当地,恰如其分地
行脚(あんぎゃ): 云游,游方;徒步旅行,周游

参考译文

半吊子的喜怒哀乐可以吗

良宽最终在十八岁时剃发,二十二岁时前往玉岛(冈山县)圆通寺,成为国仙和尚的弟子,直到三十四岁为止的十二年间,他投身于正规的禅宗修行。此后,良宽云游各地。三十八岁时他的父亲在京都自杀,他受

到了很大的打击。在京都办完父亲的法事后，他回到了久违了的越后，但是他并没有返回自己出生的家，也未居住在寺院，而是一辈子辗转于小佛庵。

良宽在越后的日子并不平安，特别是出生的家的衰败令他备受打击。橘屋在争夺里长的资格战中败给了对手京屋，在良宽五十三岁时，橘屋被处以没收家产、驱逐出居住地的严厉处罚。

虽说良宽已经出家，但也无法避免卷入这场纷争，人类无止境的憎恶之情、亲人的没落和苦恼——这一切都让良宽感到悲哀。生命有限的人类为何会这样互相憎恨呢？想来这都是因为自恋引起的是非得失心。良宽叹息："人心最可怕。"

人类的这种毫无办法的本性使良宽更加讨厌与人交往，更加不擅长与人交往。但是良宽并没有讨厌人类。不仅如此，他还很喜欢弱者，特别是孩子。更令人感动的是他对朋友的深切思念。

良宽五十一岁时，挚友左一和僧侣有愿相继病逝，他作了一首汉诗"病中"来抒发当时的思念之情。

左一　弃我何处去
有愿　相继归黄泉
空床　只余一枕在
遍界　寥寥知音稀

意思是："左一和有愿都离我而去了。他们经常来我的草庵留宿，那时用过的被子和枕头都变得多余了。世界虽然大，但是能推心置腹的朋友却几乎没有。这种寂寞真是难耐。"表达了良宽的悲痛之情。

据说良宽因悲痛过度，而卧病在床。我们是否有过因为朋友的死，不，亲人的死而悲伤到生病卧床不起的经历呢？良宽的这种诚实到底、悲伤到底、快乐到底、慈爱到底的一心一意的人生是我们怎么也比不过的。他的爽朗洗净了和他接触的人的心灵，并且超越时空吸引着人们。

61. 生命の源流に促され、人は生きる

人間には、「精神の根っ子」ともいえる、その人特有の生命の源流が流れているのではないのか。それに生命が促され、人は生きるのである。では、良寛の生命の源流とは何であったのか。良寛は、禅の修行を長年に亘りきちんと修めた人である。本来ならいっさいのこだわりから解放されて、自由自在に生きられたはずである。しかし、良寛の生きざまをみると首をかしげたくなるくらいだ。悲しみの心に、正直の心に、美しい心にどこまでもこだわり続けている。

良寛に比べて私たちはどうだろうか。同じ内向的性格の私の場合、悲しむのも、慈しむことも、正直さも、すべて中途半端そのものだ。ほどほどの喜怒哀楽の中で生きている。だから、いつまで経ってもクヨクヨ悩み、清々と生きられないのではないか。

良寛が亡くなる直前、弟子の貞心尼に書き渡した俳句がある。

うらを見せ　おもてを見せて　散るもみぢ

これは自作の句ではないが、彼が晩年にたどりついた悟りの境地そのものを表したものといわれる。しかし私はそれだけとは思えない。

＜もみじ一枚一枚の葉は己の生命を使い切って、樹木のために生き、大地に戻っていく。しかし自分は衆生のために何ができただろうか＞

仏のことを愁人という。衆生を哀れむ人だからである。良寛はこの世の弱き者を愛してやまなかった愁人である。彼は、死を迎えて、そうした衆生の苦しみをろくに救済できなかった後悔と自嘲を禁じ得なかった。だからこの一句は良寛の慙愧の歌といえないだ

ろうか。この心こそ良寛をいよいよ清浄にさせた、生命の源流ではなかっただろうか。私にはそう思えてならないのだ。

难词注解

中途半端：不够彻底;半途而废;不完整

参考译文

生命的源流促使人类生存

人类身上流淌着人类特有的叫做“精神之根”的生命源流，它使人类得以生存。那么，良宽的生命源流是什么呢?良宽长年专心于禅的修行，本来应当能摆脱一切羁绊自由自在地生活。但是从良宽生活的样子来看，却不由不令人怀疑。无论是悲伤、诚实、还是美丽的心灵，良宽都做到了极致。

和良宽相比，我们又怎样呢?同样是内向性格的我，无论是悲伤、慈爱还是诚实，都做得不够彻底，生活在半吊子的喜怒哀乐中。所以无论到什么时候都烦恼重重，无法心情舒畅地生活。

良宽在临死之前，曾写过一首俳句交给弟子贞心尼。

片片红叶，辗转飘零。

虽然这不是良宽自己创作的，但一般认为这首俳句表达了他到达晚年时领悟的境界。但是，我却不认为仅仅是这样。

“一片一片的红叶耗尽了自己的生命，为树而生，回归大地。但是自己能为众生做些什么呢?”

佛是愁人，因为他要怜悯众生。良宽是非常爱惜世上弱者的愁人。他在将死之际，禁不住后悔和自嘲无法好好地救济这些众生于苦痛。因此可以说这句俳句体现了良宽的惭愧之心。我想这种心胸才是令良宽内心纯洁的生命源流。

62. 器用を毛嫌いした百七歳の芸術家

平櫛田中(1872～1979年)という著名な彫刻家がいた。明治・大正・昭和と彫り続け百七歳の天寿を全うされた。この方の人生はすごい一言に尽きる。

還暦の弟子が平櫛の九十歳の誕生日のお祝いに来たときに、平櫛は「君が死んだら、あと困るなあ」と言ったという。百歳のときには「六十、七十は鼻たれ小僧、男盛りは百からだ」と豪語。それぱかりか、今後三十年間、彫刻の素材として使う欅などを買い込んでいる。とりわけ度肝を抜かれるのは次の告白である。

「まもなく、満百二歳になります。よくここまできたものと思います。しかし、もう少し長生きしないと、私の義務が果たせない作品があるのです。五、六点、いやずっとせばめても四点は作らなければなりません。最近この四点以外に一つまとめてみましたが、それには手こずりました。三年かかりましたが往生しました。苦しんで苦しんで、そして私の修業がウソだったということを痛感しました。習い始めの時分、五年なり十年なりは、どんなことがあってもその物を木に移すことを根本にしなくてはなりません。それが私にはできていなかったのです。言わば器用にやっていたのです。私は器用が大嫌いです。仕事が上手と言われる人を見ると、たいがい器用です。私はその器用な仕事が、知らない間に私にくっついて来ていたのです。」

(『月刊 PHP』)

これがもうすぐ百二歳の方の告白である。正直言って信じられない。まさに青年の激白だ。これを読むと、器用に生きたいとか要領よく生きたいと、彼の半分の年齢にも満たない者が考えるのは実に情けない気がしてくる。吹けば飛んで消えてしまうような、いかにも安易で軽々しい感じがするのではないか。

平櫛はなぜ、器用に仕事をした自分をそんなに嫌悪したのであろうか。平櫛の心を理解するには、器用に生きるとはどういうことなのか、はっきりさせておく必要がある。

器用の器とは、「うつわ」のことである。うつわとは言うまでもなく、物を入れる器具のことだが、それが転じて事を担当するに足りる才能や人物の大きさを意味するようになってきた、と『広辞苑』にある。

だが、私たちが「器用に生きる」と用いるときの器用の意味は、ややニュアンスが違うように思われる。つまりそれは、物事をなすときに自分の才能の全部を使い切るということではなく、六十、七十パーセントぐらいを、しかもほどほどに使うことなのである。もう少し厳密に表現すると、今まで生きてきた年数で積み重ねてきた小さな体験と限られた知識や技術、そしてまだ磨き切っていない才能の器を百パーセント使わず、無理せず六十、七十パーセントの力を用いて生きる、または仕事をすることだ。

この生き方は、確かに気負いもないし気楽である。さらに「一応やりましたが」と、平気で弁解できる。しかし、まさしく不完全燃焼で、心からやりとげたという実感を得ることはできないし、仕事が深まらず、自分も進歩せずに終わってしまうのではないだろうか。そして燃焼しないぶんだけ心にもやもやが無意識のうちにたまっていき、前向きの気力を弱めていく。その結果、仕事も生活もマンネリ化し惰性の日々をおくるしかなくなるものだ。

これでは器用に生きているつもりでも心は貧しくなる一方で、それこそ「器用貧乏」ではないか。だから、器用に生きたい、要領よく仕事をしたいとまだばく然と望んでいるだけなら、その猛毒に冒されないうちに、不器用な人生がなぜ悪いのかを本気で考えてほしい。他人が要領よく生きようが、世間の風潮がどうであれ、自分自身の生き方に関係はない。要は自分が納得できる人生を生きようとするか否かではないだろうか。

难词注解

ニュアンス：色调、声音语意等的微妙差别
気負い：奋勇，抖擞精神
マンネリ：老一套，固步自封

参考译文

不屑"精明"的一百零七岁艺术家

平栉田中(1872～1979年)是一位著名的雕刻艺术家，他的雕刻生涯贯穿了明治、大正、昭和等几个时代。一生执着于雕刻艺术，享年一百零七岁。这位艺术家的人生实在是非同凡响。

曾经他的一位满六十岁的学生前来给他祝贺九十岁生日时，平栉对那位学生说："你现在没了的话，今后就不好办了。"平栉一百岁时说出了这样的豪言壮语："六十岁、七十岁仅仅是流鼻涕的小毛孩子，男人的最旺盛时期是从一百岁才开始的……"不仅如此，他还买进了足够今后三十年使用的山毛榉木材，作为雕刻的原材料。特别是他还语破天惊地作了如下的阐述：

"不久我就要满一百零二岁了，好不容易到了这把年纪，但是还想再多活几年，因为我还有几件必须完成的作品，否则就不能算是完成了我的使命。大概五六件吧。不，再少说一点，至少也得完成四件不可。最近，除了想做的四件之外，试着做了一个，可是十分棘手。花费了三年功夫还是竹篮打水一场空。费尽精力后痛感我的学习和修业简直像谎言一样。刚开始学的时候想，花五年、十年，不管发生什么事一定要从根本着手进行雕刻。结果，我却没有做到。也就是说，我采取了'精明取巧'的做法。我最讨厌要'精明'了，被人称赞为技术高明的人，大体上是工作中很'精明'的人。我就是在不知不觉中让'精明'粘上了我而追悔莫及。"

(摘自月刊 PHP)

上述的一段自白，竟然出自年近一百零二岁的老前辈，实在是令人难以置信。简直就像出自一位青年的激昂陈词。读了这一段话之后，实在让那些年龄尚不及他一半，却主张“精明”地度过一生、尽量享受人生的人深感汗颜、无地自容。难道这样的人就不惭愧自己轻如鸿毛，轻得被微风轻轻一吹就会无影无踪吗？

平栉先生为什么那么厌恶自己采取了“精明”的工作态度呢？

想要理解平栉先生的思想，我们就有必要先弄清楚“精明”地活着，到底意味着什么。

在日语中，聪明、巧妙一词是用“器用”两个汉字来表达的，按照《广辞苑》的解释，这里的“器”是指器皿而言，所谓“器皿”即盛物的器具。后转指担当某事所应备的才干和器量。

然而，我们说“精明地生活”时的“器用”的意思，与原意有所不同。指的是说当一件事、一项工作摆在面前时，不是竭尽全力地去做，而是只用六成或七成的力量去做，或者是适可而止地去做。如果更缜密地表达的话，那就是：做事时，不使出本身有生以来所学的、积累起来的那些不成熟的知识或技术，也不用尚未锻炼成熟的才能，不是拼尽生命的全力去生活或工作，充其量才使用百分之六、七十的力量而已。

这种人生方式，的确不用“要强”、不用“拼搏”而活得很轻松，他们甚至于常常满不在乎地辩解说“该做的不是都做过了嘛！”然而，这是一种“不充分燃烧”，绝对体会不到心灵深处那种成就感。工作没有深入完成，自己也没有进步，就一切结束了，不久，那种因燃烧不充分而产生的不爽情绪会在不知不觉中慢慢积聚，削弱你向前奋进的动力，其结果是工作、生活都陷于僵化，惰性日增。天长日久，人就变成了一具行尸走肉。

因此本想要“精明”、“轻松”过一生的，但是心灵却愈发贫乏这大概就是“精明贫乏”吧。所以，空想那种“精明”地过一生、抓住要领地去做事，那简直就像一剂剧毒，在尚未吞咽下去之前，应当认真地考虑一下“不精明”到底有什么不好。无论别人要怎样精明地生活、无论世间潮流如何演变，这些都与自己本身无关，关键是你想不想度过自己认可的人生。

63. 売れないものを作れ

平櫛田中が器用な仕事を嫌ったのは、彼が仕事の哲学を確立していたからである。それは、彫刻の道は生涯、修業だという実に真摯な信条から生まれたものだ。

そこで忘れてはならないのが、平櫛の二人の師の薫習(物の香が他に移り沁むように、あるものが他のものに影響を与えること)である。二人とは岡倉天心と西山禾山老師である。岡倉天心は明治時代に活躍した美術界の指導者で、名著『茶の本』の作者としても知られている。禾山老師は四国八幡浜市にある大法寺に住した臨済宗の善知識(人の生き方を百八十度転換させるような力量ある師)である。

平櫛は小学校を卒業すると、家が没落していたため大阪の商家に奉公に行く。だが商いは性に合わず、幼少の頃から好きだった木彫りの道に入る。その後、結核に冒され故郷(岡山県井原氏)に帰るが、二十五歳のときに上京し、木彫りを本格的に志す。そして縁あって禾山老師の提唱(禅の語録の講義)を聞くようになる。平櫛はこの傑物に大いに感化された。

平櫛の若い頃、彫刻などは世間から注目されず、ほとんど需要がなかった。作品が売れないので生活が貧しく、ともすると、売れるものを作ることだけを彫刻家たちは考えた。

ある日平櫛は、仲間と一緒に、岡倉天心のところに相談に行く。そのとき平櫛は天心の言句に、頭のてっぺんから足の爪先まで、一瞬のうちに激痛が走ったような衝撃を受ける。

> 諸君は、売れるようなものをお作りになるから売れない。売れないものをお作りなさい。必ず売れます。(『人間ざかりは百五歳』大

西良慶　平櫛田中著/山手書房刊）

思いもよらない言葉であった。だが、以前に禾山老師のところに参じた平櫛には天心の心がピンときたのだ。平櫛はそのときの心境をこう書いている。

> 目の洗われるような思いであった。売れるようなものを作ろうとするのは、もうすでにものにとらわれた姿である。何とかして売れるものをつくろうとすればするほど、心はくもる。そんな世事世俗にまみれた心から、よい作品が生まれるはずがない。そういう「はからい」は捨てよ、そして捨てようとする意識さえも捨てきれ——岡倉先生は、そこを突かれたのであろう。（同書）

天心の言葉が、平櫛の一世紀を超す生涯の精神を決定付けたのである。芸術家が欲や自我にくらまされたら、出来上がる作品は皆、二流のものでしかなくなってしまうのだ。しかもこの真理は決して芸術の世界にとどまらないと思われる。

难词注解

薫習：熏陶

善智識：法师，高僧

傑物：人杰，英杰

提唱：倡导；（禅宗）说法

参考译文

创作那卖不出去的东西

平栉田中之所以讨厌“精巧”，原因是他确立了自己的事业观。这源于他雕刻的道路是毕生修行这一真挚的信念。

在这里有一点是绝对不可以忘却的，那就是平栉的两位老师对他的熏陶。他们分别是冈仓天心和西山禾山两位先生。冈仓天心是明治时代活跃于美术界的领袖人物，因著有名著《茶之味》而闻名于世。禾山先生是四国八幡浜市的大法寺临济宗的一位高僧。

平栉先生小学毕业后，由于家道没落，曾往大阪的商铺学徒、供职。但是，他的性格不适合经商，后来踏上了他自幼喜好的木雕之路。其后因患肺结核，返回了冈山县井原市的故里。二十五岁时来到东京，正式致力于木雕艺术。从而有缘聆听了禾山先生的布道，平栉完全被这位杰出的人物感化了。

平栉年轻时，雕刻并不被世人所重视，几乎无人需要，作品卖不出去，生活因而十分困窘。那时候的雕刻家们满脑子想的都是如何创作出畅销的东西，怎样才能卖得出去。有一天，平栉和朋友一起到冈仓天心那里去攀谈，就是那一次天心先生的话语，有如闪电，瞬间从他的发梢传到脚跟，醍醐灌顶般地震撼了他。

> "各位正是因为想做畅销的东西，所以卖不出去。请你们做那种卖不出去的东西吧，肯定能卖出去。"（摘自《人的旺盛时期—— 一百零五岁》大西良庆·平栉田中著，山手书房刊）

这是一句石破天惊的话语。一句话就拨动了一直追随禾山先生的平栉田中的心弦，平栉先生对当时的心境曾作了这样的描述。

> 我觉得眼前一亮。一心想要创作那种能卖得出去的东西，其实心早已经被"东西"束缚了，越是想尽办法去创作那种能卖得出去的东西，心灵也就越迷茫。已经被世俗所束缚的心灵当然无法创作出好作品来。一定要摒弃这种思想的框框，而且要把想抛开框框的意识都连根拔掉。——冈仓先生的话一下子就击中了要害。（摘自同书）

天心的话，决定了这位艺术家百年的精神境界。一个艺术家的内心如果被"欲望"或者"自我"蒙蔽，那他创作出来的作品充其量也只能是二流作品而已。并且，这一真理不仅仅适用于艺术界。

64．“間接努力”が成果を生む

明治の文豪幸田露伴に『努力論』(露伴全集第二十七巻所収／岩波書店刊)という名著がある。この本の「自序」に次のような言葉が書かれている。

> 努力は一である。然し之を察すれば、おのずからにして二種あるを観る。一は直接の努力で、他の一は間接の努力である。間接の努力は準備の努力で、基礎となり源泉となるものである。

例えば詩歌を作る。上達しようと考えたら一生懸命作る。これを直接努力という。しかし、いくら紙に向かい筆を取って歌を作っても、詩歌の逸品はなかなかできないものだ。ではどうしたらよいか……露伴は続けて、藝術の源泉となり基礎となる準備の努力、即ち自性の醇化、世相の真解、感興の旺溢、製作の自在、それ等のものを致す道を講ずることが重要である。(同書)

と述べ、これを間接努力と呼んでいる。つまり自己の品性を純化して、感性を豊かにする間接努力こそ、人間の生きる道の基礎であり、これを怠ると直接努力が活かされないと、露伴は教えているのである。露伴の指摘通り、私たちは直接努力の大切さはすぐわかる。しかし間接努力は忘れていることが本当に多いと思われる。現代の日本人は品性がなくなっているとよく評されるが、自己の人間性を高める間接努力が欠如しているからではないだろうか。

仏教ではこの間接努力のことを、「第一義」と教えている。本来は悟り、すなわち自己に目覚めることを意味する言葉だが、ここでは自己の向上と考えたい。つまり人生においては、自己を人間的に向上し豊かにすることこそ第一義であって、この視点が欠けていると決して納得のある人生は生まれない、というのである。現代人は、人生を楽しく生きたほうがいい、おもしろく生きたいという。それ自体悪いとは思わないが、直接努力もせず、まして間接努力もおろそかにしていたら、水に浮かぶ浮き草のような人生しかおくれないのではないだろうか。

こう考えてくると、器用に生きる、要領よく仕事をするのがいいというのは、大きな間違いであることが少しは解明できたと思う。そこでこの章の本旨である、不器用に、要領悪く生きると味わい深い人生がおくれる、それこそ本物の人生だということを証明してみたい。さらに、その生き方こそ人間性を豊かにし、露伴の主張する間接努力や仏教の第一義の実践でもあることを述べてみよう。

难词注解

逸品：绝品，杰作
醇化：熟练化
世相：世态
感興：兴致，兴趣
第一義：佛第一要义，本旨

参考译文

"间接努力"产生成果

明治时代的大文豪幸田露伴，有一部名著《论努力》(露伴全集第二十七卷，岩波书店出版)。这本书的自序中有这样一段论述。

> 努力最重要。然而仔细观察一下，会发现它可以一分为二，一种为直接努力，另一种是间接努力。间接努力是前期准备的努力，也是基础和源泉。

比如说诗歌的创作。要创作好诗歌就必须竭尽全力去写，这是直接努力。但是无论怎样对着纸，奋笔疾书，真正的诗歌佳作还是创作不出来，那么怎么办呢？……幸田露伴接下去论述道："作为艺术的源泉与基础，'准备'的努力是必要的，即提升自我，了解世态，兴致充盈，自由创作等，都是必须经过的历程。认真探讨这些，举足轻重。"（摘自同书）

他称之为间接努力。露伴教导我们说：纯化自己的品性，丰富自我感性的间接努力才是人生之路的真正基础，如果懈怠了这个基础，直接努力也就无法真正发挥作用。正像露伴先生指出的那样，我们很容易看到直接努力的重要性，却常常忽视了间接努力。我们常常看到社会舆论在批判现代日本人丧失了品格，这难道不正是因为缺乏那种提高人性自身品格的间接努力所导致的吗？

在佛教中是把这种间接努力作为"第一要义"来宣扬的。即是彻悟"根本"，自我觉醒。这里指的应该是自我升华。即在人生中，丰富和提高自己的人性品格才是"第一要义"。一旦缺少了这一个观点，就绝对领悟不了人生的真谛。现代人都主张快乐轻松地度过一生，其实这种想法本身无可厚非。但假如既不进行直接努力，又忽略了间接努力的话，人生就宛如浮萍一般，随波逐流毫无意义了。

这样想来，就不难理解，主张"精明"的活着，抓住"要领"去做事的思想，非但不好，而且是非常谬误的。在此我欲说明本章要旨，即不精明地、不钻营地生活才能度过趣味横生的人生，而这才是真正的人生。并且我欲论述只有这种生活方式才能丰富人性，才是对露伴所主张的间接努力以及佛教第一要义的真正实践。

65. ロープウェイで山頂に登る愚

倉本さんは、畑の作業も作家の仕事も自己を高めようという祈りがなかったらダメだと断言している。倉本さんの言葉から、フランスの哲学者アランの『幸福論』の一節を思い出した。

> 登山家は、自分自身の力を発揮して、それを自分に証明する。彼は自分の力を感ずると同時に考慮する。この高級な喜びが雪景色をいっそう美しいものにする。だが、名高い山頂まで電車で運ばれた人は、この登山家と同じ太陽を見ることはできない。

一歩一歩よじ登った登山家の見た雪景色や御来光は、ロープウェイで山頂に着いた人の景色に比べたら、数倍、いや比べものにならないくらい、美しく感動的に違いない。それはなぜなのか——。

例えば私たちが富士山に登ったとしよう。一歩一歩登っていく。苦しくてやめたくなる。すると上から降りてきた人に励まされる。また歩き始める。しだいに疲れてくる。立ち止ると足元に小さな野の花が咲いている。こんな厳しいところでと思うと、この花の生命にも自分は劣っていると反省させられる。再び気を取り戻して一歩一歩登っていく。こうして二合目、三合目……五合目にようやく到達する。ひと休みして、また登り始める。こういう困難を繰り返し克服しただけに、心は澄んでいく。

こうして山頂で拝む御来光は、言葉では表せないほどの価値がある。そして人間性にとって欠くことのできない忍耐の心とコツコツ物事に打ち込む精進の心、それらにともなって心の浄化力も育っていく。

このようなプロセスを省くと、人間として絶対に成長しない。まさしく、ロープウェイで山頂(さんちょう)に行(い)くのは人生(じんせい)を要領(ようりょう)よく生(い)きようとすること、そのものではないだろうか。

难词注解

御来光(ごらいこう)：日出
澄(す)む：澄清，晶莹，宁静
精進(しょうじん)：修行，吃素，专心致志

参考译文

乘缆车登顶，愚蠢！

仓本先生断言，农田作业也好，作家的事业也好，没有进取心是不行的。仓本先生的话令我联想起了法国哲学家阿兰的《幸福论》中的一段记述。

> 登山家发挥自己本身的潜能，并用来向自己证明。他们在感受到自身力量的同时，也在审视自身。这种至高的喜悦会让高山雪景更加璀璨。然而，乘缆车到达名山山巅的人是无法和登山家看见和享受“同样的太阳”的。

一步一步爬上去的登山家眼中所见的雪景、日出与乘缆车到达山顶的人眼中所见的景致比较起来，不知要美丽多少倍。不，令人震撼的瑰丽简直是不可同日而语的。究竟原因何在呢？

比方说我们攀登富士山。一步一步地往上爬，累得精疲力竭，不想继续往上爬了。这时受到从山上下来的人的鼓励，就又开始往上爬了。渐渐地又累了。停住了脚步，无意中见到脚下开着小小的野花。在这样严酷的条件下，小野花依然绽放着顽强的生命之花，这生命的花朵，让我们不得不汗颜自己的懦弱。于是重新振作继续一步一步往上爬。就这样二合目、三合目……终于到达五合目。稍事休息又继续攀登，正因为这样不断地克服困难心灵就会越来越宁静。

这样到达山顶所迎来的日出，才会具备无以言表的价值。而且对人

性而言，不可缺少的坚韧不拔的忍耐之心、勤勤恳恳的敬业奋进之心以及与之相伴的净化心灵的力量也会逐渐生长壮大。

如果省略掉了从头努力的过程，作为一个真正的“人”，是绝对成长不起来的。的确，乘缆车登上山顶的人，不正是想抓住“要领”不用费力气，轻松度过人生的吗？

66．“要領”の本当の意味

閑話休題——。そもそも要領とは本来どんな意味があるのか、漢和辞典で調べてみた。要領の要という字に月へんを左に付けると、腰という字になる。要が腰のことなら、腰は富士山でいえば五合目あたりのこと。領は襟のことを意味するとある。襟は人間の首のあたりだから、富士山の八合目、頂上くらいと考えたい。

一合目からコツコツ登っていくと、基礎力が五合目の腰のあたりで身につく。さらに頑張って登っていくと、領にあたる八合目に着ける。そのときは思いもよらぬ力がついているのではないか。つまり、要領の意味は、一歩一歩基礎を固めながら力をつけていき、わが道を深めていくことだ。すると、気楽に、器用にこなす意味で私たちが普通に使っている“要領”とはまったく正反対の意味と解釈できる。もっといえば、本来の“要領”とは、器用の反語、不器用の同義語ともとれるのではないか——。

それはさておき、俗にいう「要領のいい生き方」は、先にも述べたが、様々なプロセスや、それにまつわる感動も同時に捨て、人間の向上のチャンスも捨てていると言っても過言ではない。

倉本さんの、一字一字、一畝一畝、祈りを込めて書き、または植えていけという言葉に込められた思いはすでに明らかだ。要領よく生きるな、要領悪く、不器用に生きていけ、さもないと決して頂点を極めることはできないと、心から若者たちを激励しているのである。

ただし、忘れてはならないことがある。不器用に徹して自己を純化させる生き方と、自分の不器用に劣等感を抱き無気力に生きるのとでは、雲泥の差があることだ。

难词注解

まつわる：纠缠，有关系

徹(てっ)する：透彻，彻底

雲泥(うんでい)の差(さ)：天壤之别

参考译文

“要领”的本意

言归正传，还是来查阅一下《汉和辞典》，看看所谓的“要领”原本是什么意思吧。要领一词中的“要”字，如果加一个“月”字旁，就成了“腰”字。“要”如果是“腰”的话，拿富士山来说，那就好比是二分之一高度，山腰的部位。“领”表示衣领的意思，衣领是挨着人体的脖子的，如果是富士山的话，就好比五分之四高度左右，差不多是山顶。

假如从山脚出发，孜孜不倦地向上攀登，爬到山腰部，就可以说拥有了基础力量。如进一步努力攀登的话，达到了“衣领”部时，意想不到的力量也会随之而来。“要领”的意义就在于一步步地从基础做起，不断地探寻自己的人生之路。这样解释起来，就得出了与我们一般理解的轻松快乐地精明地抓住“要领”度过一生的意义完全相反的诠释了。再进一步讲，本来“要领”不也可以理解成是“器用（精明）”的反义词，是“不器用（不精明）”的同义词了。

这些姑且不论，俗称“抓住要领好好生活”前面已有论述，不夸张地讲，它把努力的过程，以及努力过程中的感动都省略掉了，同时把人向上的机会也抛掉了。

仓本先生说的心怀企盼一字一字地用心去写，一条垅一条垅地认真地去耕种，其语言中蕴含的思想已经不言而喻了。他是在由衷地激励和劝诫青年人，不要那种“抓住要领”的生活，要活得“不精明”，“不抓要领”，否则，绝对到达不了人生的最顶峰。

只是，有一点请不要误解，所谓贯彻“不器用（不精明）”净化自己的人生，与对自己的“不器用（不精明）”而抱有一种自卑感、软弱无力不求进取地度过人生，是有天壤之别的。

67. 要領よくやろうとして叱られる

要領よく生きることを偉そうに批判している私自身も、やはり要領よく生きようともがいたのである。

私は、小学校の頃から運動神経も音楽の才能も人並み以下だった。勉強も、人が一度でサラッと行くところでも、あちらに引っ掛かり、こちらに引っ掛かりで人の倍もかかった。現在の学校のように、なんでも人並みのスピードを要求される時代に生まれていたら、私なんか完全に落ちこぼれだったはずだ。そんな小学生の苦い体験から、自分は絶対に不器用な人間だと思い込むようになっていった。幸い、親が私の不器用さをあまり口に出して言わなかったので、それほど深刻に悩むことがなかったが、自分は不器用にしか生きられない、要領よく立ち居振る舞えないという意識が、物事をやるときに必ず心に浮かび、判断のひとつにさえなった感がある。

ところが受験戦争も終えて大学に入った頃は、その不器用さを忘れて、自分は要領よくこなせる人間だと錯覚するようになった。大学にたまたまストレートで入って、ちやほやされたことも一因であったかもしれない。

その後、修行道場に入り、お経も規則も知らないのに本気で修行に打ち込むこともせずに、できるだけラクをしていこう、苦しいことはかなわないと、要領よくこなすことばかり考えていた。

もともと不器用な人間が、しかも、勝手がわからない道場で器用にやろうとするのだから、当然へまや失敗の連続で叱られてばかりいた。自尊心だけは一人前だから、不満を露骨に顔に出し、仲間に「こんな封建的なところなんか長くいるものじゃないよ」と愚痴ばかりこぼしていた。だから私の修行の毎日は、自分の不器用さを思い知る出来事の連続となった。

难词注解

立居振舞：动作，举止

ちやほや ：溺爱，奉承

愚痴：(佛)愚蠢；牢骚

こぼす： 撒，洒，抱怨

参考译文

因为想要"抓住要领"而被斥责

我本人自以为了不起地批评那些抓住要领度过人生的人，然而我也曾有过打算"抓住要领过好人生"的经历。

我小学时，运动神经和音乐天赋都比一般同学差。学习也是，别人马上可以掌握的东西，我常常这个不行、那个不会地比别人多花上几倍的气力。现在的学校什么都要求你赶得上大家的进度，我要是出生在现代的话，肯定就是一个落后生。由于小学时代的痛苦体验，当时我自认为自己绝对是非常拙笨的人。有幸的是我的父母对我的拙笨，不太谈及。我也并没怎么感到特别的苦恼。但是，每当遇到事情的时候，感觉自己不能精明地做事，抓不到要领的意识还是会浮上心头，并成为我判断事物的一个根据。

可是，在高考结束进入大学后，我淡忘了自己的拙笨，误以为自己是能"抓住要领"的人。顺利地考取大学，被奉承得飘飘然，也许是其原因之一吧。

之后，我进入了修行道场，对经文呀、道规呀什么都不知道，却不想实心实意地修行，总是尽可能地让自己轻松一点，回避困难，遇事就光想着怎样去投机取巧了。

原本是一个不精明的人，并且在一无所知的道场里，却总想着要圆滑精明，必然会连连遭遇失败，并不断地被斥责了。由于我唯有在自尊心这一点上，已经长大成人，因此不满也就明显地挂在了脸上，和同伴说了许多蠢话："这种封建的地方，真不想长期待下去啦"。所以在我修行的日日夜夜里，接连不断碰到让我认识到自己是如何"不精明"的事情。

68. 師に見抜かれたいい加減な自分

あるとき、二、三人の雲水(修行僧)と慣れぬ手つきでつるはしを使い、移植するために木の根を掘り出していた。私の悪戦苦闘する無様な姿を、わが師林恵鏡老師(京都東福寺派元管長)は初めはじっと見守っておられた。だがそのうち見るに見かねたのか、「おまえさんは道具に使われているじゃないか」と言う。そして間髪を入れず、私のつるはしをとると全身全霊で振るわれたのである。私はその気迫に圧倒され、呆然と老師の姿を見ていた。七十歳を超えた老人とは思えないほどの俊敏さとパワーでつるはしを振るう師の姿に、なんともいえない涼風を感じた。

「道具に使われ、時間に使われ、人に使われ、その他あらゆるものに使われて、まだおまえは要領よく生きようとするのか。要領よく生きようなどと、アホなことを考えてばかりいるから、その欲に使われて、主体性を失っているじゃないか。」

そう師に詰問され、自分のいい加減さを見抜かれた気がした。師の言葉は、池に小石を投げると波紋が幾重にも広がるように、私の内部で大きくなっていった。

僧堂に入門して以来、私の心の中には様々な不平不満がくすぶり続けていた。

「こんな単純労働ばかり、なぜさせられるのか、宗教生活は精神修養であるはずだ。心と身体とは別で、心こそ宗教の問題ではないのか。」

と、自分の理屈を弁護する理由ばかり探していた。そんな心の葛藤は自然と所作に現れる。師に見抜かれたのは当然であった。

この心の葛藤は容易には解決しなかった。僧堂生活は私にとって相変(あいか)わらず苦痛(くつう)であった。

难词注解

雲水(うんすい)：行脚僧；行云流水
俊敏(しゅんびん)：机敏伶俐状
詰問(きつもん)：追问，盘问
葛藤(かっとう)：纠纷，纠葛

参考译文

老师看穿了我的“敷衍”

有一次，我和二、三个行脚僧一起去移栽树木，用不顺手的丁字镐，挖要移植的树的树根。当时我的老师林惠镜法师（京都东福寺派原管长），在一旁一动不动地注视着我。看着我蛮干的丑样他实在看不下去了，起身说：“你这是被工具牵着鼻子走呢！”然后当即夺过我手中的丁字镐，一镐一镐全神贯注、竭尽全力刨了起来。当时我完全被他那气势压倒了，只剩下呆呆地立在一旁看着的份儿了。他那敏捷的动作和力度，使人无论如何也看不出他已经是一位年过七旬的老人，他每挥动一次镐头，都让我感到一种无从言表的凉意……

“被工具牵制，被时间牵制，被人牵制，被其他所有的东西牵制着，可你仍然想要找窍门，抓住要领吗？一旦要想抓住‘要领’去生活，想的就都是一些‘愚蠢’的事情了，被那种欲望所控制，不就失去了你自身的自主性了吗？”

经过老师这番责问，我觉得老师识破了我的敷衍了事。老师的话语就像一块小石头扔进平静的池水，激起了层层涟漪，在我内心里荡漾开来。

自从迈入僧门以来，在我的内心早就憋着许多愤愤不平，“为什么光让我们干这么单纯的体力劳动。宗教生活应当是精神上的修养，心灵和躯体是有区别的，只有心灵的问题才是宗教的问题，难道不是吗？”我拼命地去搜寻为自己辩解的理由。那种内心的纠葛在举手投足间自然地流露出来,被老师看穿也是理所当然的事了。

然而要铲除心中的纠葛,确实不是一件容易的事,僧堂生活,对于我来说仍然十分难熬。

69. バカげた行為に没頭できるか？

最後に、あなたが要領の悪い生き方を志向しているか、要領のよい生き方を羨望しているかを喩え話で自己チェックしてほしい。タイトルは「馬鹿で馬鹿でない話」という。

昔、三州に夫婦とも篤信な妙好人（浄土真宗の信に徹した人）がおりました。三州は三河門徒と言って、真宗の門徒の栄えている地方であります。有名な妙好人田原のお園の出た国でもあります。

ところで、右の夫婦が夜寝ていますと、急に嵐になってきました。ひどく雨風が戸を叩く音で、主人が眼を覚ましました。その時ふと思い出したことは、御本山の建物であります。御本山とは京都にある本願寺を指します。もしこの嵐で御本堂でもいたむようなことがあっては大変だと思いました。とても心配になって、側の妻を起し、「東風がこんなにひどくなって、西方にある御本山に万一のことがあっては大変だから、何とか風を留めよう、お前も起きれくれぬか」。妻も「ほんとにこれは大変なことになりました」と言って、二人とも起き上がりました。主人はできるだけ大きな風呂敷を捜すように、妻に頼みました。

さて、二人はそれを抱えて、嵐の烈しい外に出ました。二人は話し合って、すぐ裏の一番高い丘の上に登りました。そうして夫婦で風呂敷の四方をしっかりと手で持って、御本山のほうへそれをあてて嵐を喰いとめようとしました。寒い冷たい雨風も忘れ、ともすれば倒れそうになる体をやっと支えて、嵐のしずまるまで立ちつくしたと申します。名号を称えながら、夫婦は「これで少しでも風当たりが減れば有難いのう」「ほんまに」、そう話し合って家に戻った時は、ようやく夜が明けました。
(『宗教随想』柳宗悦著／春秋社刊)

あなたは読まれて、どう考えただろうか。意見は二つに分かれると思う。ひとつは、

「バカげたことをする。あんなことをしても、本山の建物を台風から守ることなどできっこない。それに、風雨に当たって風邪でもひいたら大損ではないか」

と評する者。もうひとつは、

「そこまで深い信心をもっているとは、この夫婦はなんと素晴らしいのだろう」

と、受けとめる者だ。

もしあなたが前者なら、要領よく生きようとする意識が強いといってよい。反対に後者なら、要領悪く生きることに魅入られているところがあるだろう。

それにしても、要領よく生きるほうが得で、要領悪く生きるほうが損をする、と言う思い込みは相当根強いものがある。そういう先入観にとらわれている限り、かえって要領の悪い人生を選択している、と私は言いたい。

难词注解

篤信：笃信，虔诚

妙好人：(佛)忠实的信徒

参考译文

能埋头于看似愚蠢的行为中吗?

最后，让我们通过一则寓言来测试一下你究竟是要过“不精明”的人生呢?还是羡慕精明，要抓住要领过那种精明人的生活呢?寓言题目

是《愚蠢不愚蠢的故事》。

很久以前，三州地区有一对夫妇都是虔诚忠实的净土真宗信徒。三州又称为三河门徒，是真宗门徒云集的地方，是著名信徒田原的庭园所在地。

却说那夫妇二人，夜晚已经就寝，正在这时候，突然刮起了台风。暴风骤雨敲打着门窗，丈夫被惊醒了。此时他一下子想起了总寺院的房屋。总寺院是指在京都的本愿寺。他想的是这么凶猛的台风，如果把本堂的房屋吹坏了的话，可不得了。他非常担心，就叫醒躺在旁边的妻子说："这东风太厉害了，坐落在西边的寺院万一出点什么事可了不得，得想想办法把风挡住才好，你也快起来！"妻子说："真的，这可是不得了！"于是二人急忙爬了起来，丈夫急忙让妻子找出一块最大的包袱皮。

于是夫妇二人抱着那包袱皮，顶着狂风暴雨，到外面去了。夫妇商量了一下，奔向后面一处高岗。二人拼力撑开那包袱皮，试图遮挡朝寺庙刮去的狂风。二人拼尽气力，忘记了寒冷，忘记了雨淋，互相激励，勉强支撑住几乎被吹倒的身体，一直遮挡到台风停息为止。夫妇二人一边呼叫着对方的名字，一边说："我们这样挡风，风力哪怕减小一些也好啊……""确实是的……"。当二人拖着疲惫的身躯回到家中时，已经快天亮了。

（《宗教随想》柳宗悦著，春秋社出版）

您读了这个故事之后感想如何呢？我想意见不外乎两种，一种是："傻子干傻事，那么做，就想在狂风暴雨中保护住寺院的建筑，是根本不可能的事。而且要是在风雨中着了凉，是得不偿失的……"；另一种评论是："有那么深的信仰，这夫妇二人真是了不起"。如果你是赞成前一种评论的人，那你应该是"会找窍门、抓住要领快乐度人生"的意识较强的人。相反，如果赞成后者的话，那么你是"不要精明"实实在在度过人生意识较强的人。

尽管如此，认为"精明度人生"合算，"不精明度人生"吃亏，这种想法是相当根深蒂固的。我在这里想说的是，越是被这种先入为主的人生观所束缚而患得患失的人，在选择人生时反而会缘木求鱼。

70. 初心を忘れてしまう

初心を忘れずにいると言うのはほとんど無理なことでしょう。しかも、初心のままでいると言うことは、自分にあまり変化がおきていないことを意味しています。

それは、つまりは、あまり進歩していないと言うことかもしれません。ですから、初心を忘れてしまうあなたは、時や状況とともに自分を変えてきているわけです。それは柔軟な姿勢として喜んでもいいことでしょう。

「初心忘れるべからず」と説いたのは世阿弥ですが、その真意は「いつも初心に立ち返ること」ということです。つまり、いつもいつも自分を刷新して、身新しい自分でいなさいと言うことなのですね。つまり、古くなった情報を捨て、新しいものを加えていくホームページの更新のようなものです。決して、一度作ったものを変えないで、そこから離れたりするなと言うことではないのです。

そのあたりが勘違いされているわけですが、現実には多くの人がこの言葉の呪縛にとらわれています。もっと当たり前に、人の気持ちは時とともに変わるし、状況の変化によっても変わるものだと考えましょう。そして世阿弥の真意が理解されればもっとすばらしいことですね。

难词注解

世阿弥：(1363～1443)日本室町时代初期的猿乐师。和父亲观阿弥一起是猿乐的集大成者，留下了诸多著作。观阿弥、世阿弥的能作为观世流流传至今。

参考译文

忘记初衷

不忘初衷几乎是一件不可能的事情。而且，永远抱定初衷说明自己没有什么改变。

这也就是说可能没有太大进步。所以忘记了初衷，说明你随着时间和情况的改变而改变了自己。你应该为自己这种灵活的态度而高兴。

世阿弥要我们“勿忘初衷”，但是其真正的意思是“时刻回归初衷”。也就是说要时刻刷新自己，保持崭新的状态。就如同不断删除旧信息，添加新内容的主页更新一样。绝不是一成不变，分毫不差。

这点很容易引起误解，所以现实中有很多人被这句话束缚了手脚。要知道人的心情会因时而变，随着周围情况的变化而改变，这是理所当然的事情。当然要是能够理解世阿弥的真实意思的话就更好了。

71. 生命の無常

生命の無常を、一刻一刻溶けていく春の日の雪仏で具現している。『自分の生命はまだ大丈夫だと思っているうちに、実はそれが目に見えないところから消えつつある。雪仏のようにはかないのが私たちの生命だ。それなのに、そのはかない人生をあくせく生きて、何を期待しているのだろうか』というのである。

死がうしろから迫ってくるという表現のように、下のほうから、足元から消えていくという表現が生命の無常の自覚を喚起する。私たちは観念的には無常ということを知っているが、それではダメだ。兼好のように即物的に無常が表現されると、身にしみて生命の虚しさやはかなさが自覚できる。

生命の無常を強く感じると、いつまでもクヨクヨ悩むのは時間の浪費としか思えないだろう。前出の山本玄峰老師も「時間の浪費は、不殺生戒だ」とよく言われたという。するとクヨクヨ病で時間を無駄使いする人は、限られた生命を無駄使いしていることにほかならない。

次に、兼好の比喩ではまだ無常が感じられない鈍な人に、さらに厳しい例を紹介しよう。

以下は『毛沢東語録』からの文章だ。

> 世界は君たちのものであり、またわれわれのものでもあるが、しかし結局は君たちのものである。君ら青年たちは午前八時か、九時の太陽のように、生気はつらつとして、まさに元気旺盛な時期にある。希望は君たちのうえに託されている。

これは毛沢東がモスクワで中国の留学生を激励したときの言葉

だ。この言葉に出会ったとき、一生を二十四時間という数字で表したらどうなるのか、という考えが私の頭に浮かんできた。

日本人の平均寿命を七十六歳とする。午前0時は人間の誕生、午前八時は二十五歳くらい、もしあなたが四十五歳とすると、時間に表すと大体午後二時になる。あと余すところ、十時間しか時間は残されていないのである。一時間もいい加減に生きられない、と思わざるを得ない。読者の方々も、自分の残り時間をぜひ計算してみてほしい。

十時間しか生命が残されていないのに、過去のことを現在まで持ち込む「持ち苦労」をしたり、まだ来ぬ先のことを"ああのこうの"と思い悩む「取り越し苦労」を、自らの肩にずっしりと乗せる必要がどこにあるのか。誰でもこの二つの苦労でクヨクヨするものだが、ほどほどにしたほうがいい。それでも苦労を限られた生命に上乗せしないと気が済まない人を、「苦労製造工場」と呼ぶ。

难词注解

雪仏：用雪堆成的佛像

具現：体现，实现

齷齪：小心眼儿；什么都不放心；鼠肚鸡肠

ずっしり：沉甸甸的

上乗せ：追加，补加

参考译文

生命的无常

生命的无常就好像春日里一点一点溶化的用雪堆砌成的佛像。"在你自认为生命还无须顾及的时候，其实它正在无形中慢慢地消逝。像用雪堆砌成的佛像般无常短暂的正是我们的生命。生命已是如此的短暂无常，但人们仍然选择辛苦地忧虑地活着，这到底是在期望些什么呢？”

正如“死亡从身后渐渐逼近”这种表达方式一样，“（生命）从下面、从脚边一点点地消逝”这种说法将唤起人们对于生命无常的认识。我们主观上了解生命的无常，但那是不够的。如果像吉田兼好法师那样将生命的无常逼真地表现出来，那么我们就能切身体会到生命的无常了。

如果能深刻体会到生命无常，那就只会把终日愁眉苦脸看成是浪费时间了吧。据说前面提到过的山本玄峰老师也常常告诫大家“浪费时间，是不杀生之戒”。那么每天在烦恼忧郁中浪费时间的人也就是在浪费有限的生命。

对那些兼好的比喻还不足以让他们感受到生命的无常的迟钝之人，我再举一个更加严厉的例子。

以下是《毛泽东语录》中的段落。

> 世界是你们的，也是我们的，但是归根结底是你们的。你们青年人朝气蓬勃，正在兴旺时期，好像早晨八九点钟的太阳。希望寄托在你们身上。

这是毛泽东在莫斯科激励中国留学生时说的话。读到这番话的时候，一个念头浮现在我脑海，如果用一天二十四小时来表示人的一生将会怎样？

假设日本人的平均寿命是七十六岁。早晨零点是人的诞生、早晨八点是二十五岁左右。如果你四十五岁，那么用时间来表示大约是到了下午两点左右，余下的时间不过十个小时而已。那样你一定会想：“每一个小时都不能潦草地度过了”。希望每一个读者都试着计算一下自己剩余的时间。

如果生命只剩下十个小时，那你还有必要背负对过去的追悔和对未来的忧虑这双重的辛苦吗？虽然人人都会因为这双重的辛苦而烦恼，但是这种烦恼最好适可而止。我们把那些非得给短暂的生命增加辛苦的人叫做“苦劳制造工厂”。